舒心廚房

作者 / 姊弟煮廚 PAULINA & JERRY CHEN

在這個心愛的小廚房裡，
有午後灑進窗台的溫暖橘陽，
有我們喜歡聽的輕柔音樂，
還有百吃不厭的質樸家常菜。

料理為愛的表現，享受做菜的美好時光

義大利文有一句話是這麼說的：「la cucina è un gesto d'amore」，意思是「料理為愛的表現」。義大利人對美食的狂熱可以說是無人能及，不管是在家做菜還是上餐廳吃飯，每個義大利人對於料理似乎都有強烈的意見，因為這是他們生活極為重要（有時候甚至是最重要）的一部分。

Kuni 在十五年的義大利料理生涯中，先經歷了日本餐廳廚房工作的嚴謹紀律，如同機器人一樣日復一日、沒日沒夜地做出完美料理，最高紀錄每日工作時間長達二十小時！之後，他立志要向義大利人學習正統的義大利菜，就這樣隻身前往美食聖地——波隆那，並在義大利各大城市一待就是八年。在這八年中，Kuni 發現義大利人跟日本人最大的不同是，他們無比享受著做菜的過程，就算是在廚房唱歌跳舞甚至小酌都是很正常的，最重要的是他們用料理表達情感。

我們每天在 Studio Kyu Kyu 亦是如此，堅持只用一根擀麵棍、蛋、一根叉子和麵粉，從打蛋到揉麵、擀麵到切麵，每個步驟都像義大利阿嬤一樣慢慢用手做。在教學過程中，我們與所有學員不藏私地分享著傳統義大利料理的秘訣，看著大家樂在其中的一起享受烹飪過程，就是我們每天的動力。

當然，我們一開始也會很好奇（還有懷疑）：「這麼繁瑣的義大利料理步驟，真的會有人來上課後，在家自己如法炮製嗎？」結果發現還真的有（而且還是很多人）！看著一張張學員們傳來的照片，我們真的很感動有愈來愈多人在家動手下廚，跟親愛的家人、朋友們一起分享愛的料理。

所以，在 Paulina 及 Jerry 邀請幫《舒心廚房》寫推薦序的時候，我們除了覺得十分榮幸以外，更欣慰的是這本書能讓想要在家下廚的人輕鬆閱讀、舒心料理，讓做菜過程變成令人享受、放鬆的美好時光。《舒心廚房》除了收錄他們源自世界各地的私房美味配方外，更提供食材處理和挑選的基本知識，希望您也能從中找到您愛的食譜，並將您的愛用料理傳達給更多人，那會是件多麼浪漫的事呀！

Studio Kyu Kyu 共同創辦人

萩本郡大（Kunihiro Hagimoto）、高喬儀（Joyce Kao）

Studio Kyu Kyu 是由擁有超過十五年義大利料理經驗、米蘭米其林一星餐廳 Ristorante Tokuyoshi 前副主廚萩本郡大（Kunihiro Hagimoto）與妻子高喬儀（Joyce Kao）所創立。希望以活潑歡樂的教學方式分享義大利料理的美好，讓更多人能夠愛上純手工製作的義大利麵以及各種義大利佳餚。

作者序

好好吃飯，才能好好生活

二〇一四年十一月，我們兩人同時展開生活新頁，姊姊跟著新婚丈夫移居美國加州，弟弟則以交換學生的身分負笈歐洲，隨後又搬至香港工作。六年多後的今天，我們終於在繞了半個地球後，回到台北團聚。

在異地舉目無親、獨立生活的兩千一百多個日子裡，如何好好地照顧自己成為了最重要的事，而我們發現，好好吃飯可以是很多難題的解答。

於是我們在租賃來的小型公寓裡、學生宿舍與大夥共用的迷你廚房中，盡可能地自己日日料理三餐。

即使用的是永遠無法精準控制火侯的電爐、手裡握著的是大型量販店買來的十元便宜鍋鏟、提著的是叫不出牌子來的陽春湯鍋、倚著的是小到連砧板都快放不下的廚房檯面，我們依然沒有放棄內心深處想要好好做菜、好好吃飯、好好生活的渴望。

將食材分類包裝、仔細刷洗清潔、輕輕下刀，接著走向陽台揀選香草、搭配辛香調料，再到熱油下鍋唰唰翻炒、在爐上咕嚕咕嚕小火慢燉、或進烤箱裡啪滋啪滋炙烤，最後花上心思擺盤、在餐桌前安然坐定，細而慢地品嚐。整套過程好比運動完後的酣暢淋漓，或像做了一節舒爽放鬆的 SPA，是一場極度美好的療癒。

這個每日播放著我們愛聽的音樂，窄小卻無比溫暖的廚房，是我們在異鄉得以安身立命，徹底舒放緊繃的神經，並專注活於當下的避風港口。

我們週末不再賴床，為了早早上市集採買最新鮮的蔬菜和水果。我們開始引頸期盼一年四季的流轉，看花開鳥啼的春天裡，紅艷艷的草莓正鮮，拿來熬煮果醬正好；櫛瓜在炎炎夏日時最為嫩口，一根根薄切成片裝進罐裡醃漬；滿地鋪上橘紅楓葉的

秋是南瓜產季，扛顆回家煮成一鍋溫暖胃袋的濃湯；抱子甘藍在哈著銀白霧氣的冬季堂堂上市，最適合和培根一同烤成熱呼呼的可口配菜。

當身體疲憊不堪時，替自己熬上一碗熱騰騰的湯；在工作前的晨曦時光，悠悠哉哉享受一頓營養豐富的早餐；在摯愛的另一半生日當天，送上親手烘烤的蛋糕作為祝福；在外辛苦奔波了一整天後，煮頓豐盛的好好慰勞自己；覺得沮喪洩氣時，就用喜歡吃的菜餚替自己打氣。在一個接著一個的日常片段裡，我們明白了，心目中的理想生活其實不過如此。

書中的每一道料理，都是我們時常做、時常吃，也愛吃的菜。用的都是容易取得的當季食材，沒有太繁複的作法，只需基本的廚房道具，再配以一些小訣竅就能輕鬆完成的菜。

疫情爆發已經超過一年的現在，如果還能在廚房裡安安穩穩地煮，全然按照心中所想，為自己，還有為家人料理愛吃與想吃的，怎麼不是件極其幸福的事！

我們期待正在展閱此書的你，能夠從中獲得做菜的靈感，或是一股想起身上市場買菜的動力，進而能從廚房洗洗切切和勞動雙手的過程裡，捕獲安定生活的力量。

世事萬變，未來難測，我們可以用力把握住的，唯有把每一頓飯都吃好，把當下每一刻都過好。好好對待自己，對待日常，它就不會虧待你。

謹以這本書，向所有在不確定的日子裡，依然熱愛生活的人們致敬。

姊弟煮廚

Paulina & Jerry Chen

目錄

002　推薦序　料理為愛的表現，享受做菜的美好時光

004　作者序　好好吃飯，才能好好生活

Chapter 1
自己下廚，在家吃飯

012　打造一個你能在裡面開心哼著歌的廚房，那是你的祕
　　　密基地

024　下廚時的得力助手

Chapter 2
這些菜，怎麼料理才好吃

晚間時光，最彌足珍貴
──省時省力的豐美晚餐

040　南洋風魚露香茅豬排

044　茱蒂‧羅傑斯的冠軍烤雞

　　　料理祕技 ：乾式鹽漬肉品料理法

050　中式和西式紙包魚

　　　料理祕技 ：紙包料理法

058　義大利檸檬蒜味奶油蝦

天冷，捧碗熱湯在手心
──撫慰身心的營養湯品

064　萬用雞高湯

068　法式洋蔥湯

072 奶油咖哩全南瓜濃湯

076 托斯卡尼香腸白豆蔬菜湯

微涼的午後，靜靜燉鍋肉
——燉物是時間賦予的禮物

082 烤箱紅酒燉牛肉

　　　料理祕技 ： 烤箱燉肉法

088 義式獵人番茄燉雞

092 波隆那番茄肉醬

098 波隆那番茄肉醬延伸

　　　——波隆那番茄肉醬麵 ： 自製義大利麵

配角也值得好好對待
——這些蔬菜該怎麼料理

104 辣味羽衣甘藍脆片

108 脆烤培根孢子甘藍配巴薩米克醋

112 炙烤糯米椒

116 奶油蒜頭香草菇菇

120 烘烤球莖茴香和帕瑪森起司

124 活用撇步 ： 清蔬菜好幫手

　　　——義式烘蛋Frittata

封存美好，賞味延長
——果醬、醃製和油漬

130奇亞籽草莓果醬

134 德式酸菜

140 辣味香料醃漬櫛瓜

146 油封香草小番茄

150 油漬烤蒜頭

再忙，都要好好吃早餐
——可以預先準備的簡易早餐

156 濃縮冷泡咖啡

160 果乾燕麥酥和免煮燕麥杯

166 香草雞蛋沙拉

　　　料理祕技 ：煮一顆完美的水煮蛋

172 一罐到底鬆餅

176 堅果奶和燕麥奶

Chapter 3
麵包、小食與甜點

在麵粉裡找到療癒
——不用搓、揉、捏的省力麵包

186 5分鐘免揉麵包

192 免揉麵包系列延伸——免揉佛卡夏

196 免發酵蘇打麵包

200 原味和果乾司康

204　希臘優格快速貝果

208　希臘優格麵團延伸應用──Pizza 和蒜香麵包球

214　*活用撇步：吃不完的麵包保存和運用*

　　　──手撕蒜香麵包丁、香草麵包粉、麵包丁沙拉 Panzanella、麵包布丁

生活裡的甜美火花──新手都能勝任的小品甜點

226　巧克力熔岩蛋糕

230　巴斯克起司蛋糕

234　法式鄉村水果派

　　　料理祕技 ：極上酥鬆伏特加派皮

240　瑞典肉桂捲

本書食譜使用須知

1. 書中使用的液體杯和粉類杯，皆為市售美式量杯。

2. 量匙皆為美式量匙，1 套有 5 支，分別為：1 大匙（Tablespoon）、
   1 小匙（Teaspoon）、½ 小匙、¼ 小匙和 ⅛ 小匙。

3. 我們使用的烤箱是無風扇烤箱。如果你的烤箱有風扇，請把書中標
   示的烤溫調降約 15 度，烘烤時間也要縮短約 ¼ 的長度。

4. 做菜過程中，建議適時取樣試吃，以便即時調配出自己喜歡的口味。

5. 書中的烹調時間、調味份量皆為我們在廚房的實作紀錄，但由於每
   個人的口味、喜好不同，你可以依家中的爐具火力大小、自己的偏
   好做適當的調整；重點是，你的味蕾和試吃後的感覺，才是你要追
   求的基準，畢竟好吃最重要！

Chapter 1
自己下廚，在家吃飯

用心打造一個屬於自己的幸福廚房，親自下廚，
在料理的聲響與香味中，
沉澱心靈，用心品嘗食物的美味。

打造一個你能在裡面開心哼著歌的廚房，那是你的秘密基地

「一個人如果沒有好好地吃，他必不能周全思考，深刻去愛，也無法恬然入夢。」

——維吉尼亞‧伍爾芙，英國作家

食材採買和選擇

我們從來不只在一處買食材，有機合作社的草飼牛肉比較好，我們要燉肉的時候就去那裡選；社區超市的全雞總是比較優，我們要煨雞湯的時候就到那裡挑；農夫市集的水果總是比較新鮮，所以水果我們都在週末開市的時候一次買齊。建立起自己的優良食材名單，和有信譽的商家交朋友，好食材就會離你愈來愈近。

盡可能選擇有機、在地、當季、運輸里程短的新鮮食材，這是幾乎不會出錯的採買大原則。

廚房用品和小器具

鍋子

　　該買哪一種平底鍋、湯鍋或炒菜鍋？要依照你的使用習慣、飲食偏好和家中人數來決定才好，切勿盲目跟從流行，也不用急著一次買齊，可以下廚一段時間以後再視需要慢慢添購。我們經手的鍋子無數，最後跟著我們到處奔波搬家又耐用的，還是 All-Clad 的一套不鏽鋼鍋組。

　　鍋子建議別買太小，尺寸如果不夠大，食材一入鍋就容易匯聚水氣，很難炒出香味，茱莉亞‧柴爾德曾說：「永遠用比你以為夠大，還要再大一點的鍋。」還有盡量挑選可以整只進烤箱的鍋，鍋子時常可以代替烤盤的角色，烤盤就可以少買幾個；烹煮上也常用先在爐上煎炒，接著整鍋送進烤箱續烤或慢燉的技法，一些木柄或是有可愛顏色握把的鍋，在這方面來說就不太實用。

刀子

　　刀子的售價像光譜的兩端，高的可以很高，低的可以很低，請在能力範圍內買一隻可以負擔得起的最好刀子，現場握握它、拿拿它，適合再買，然後回家以後好好保養。平日用圓柱形的磨刀棒維持銳度，半年請專業的磨刀師傅幫忙大修整一次。

　　常吃麵包的話，也請務必準備一隻鋸齒刀，它能俐落地把麵包切成片，同時保持形狀蓬鬆完整。

強力果汁機

好的果汁機不便宜，但絕對是值得投資的一項廚房用品。它可以連籽帶皮把南瓜打成濃湯，果肉和冰塊一起打碎成細緻的奶昔，所以就算再怎麼占行李空間，我們搬家遷移時還是會帶著它。

食物調理機

抬頭攪拌機我們買了這麼多年，用到的次數還沒有食物調理機來得多。如果沒有常做烘焙，可以考慮先買食物調理機就好，基本的混合麵團已經足夠應付，也能切碎食材、攪打醬汁和絞碎麵包粉。容量寧願買大一點的，也不要買太小，小的打打醬汁還可以，如果要打一個基本份量的麵團就不敷使用了。

打蛋器

平時煎蛋，拿筷子或叉子打散蛋液就可以，但是要將雞蛋快速攪打成鵝黃色起泡狀，例如做巧克力熔岩蛋糕時，就一定要用到打蛋器了。線圈愈多的打蛋器，打發效果愈好。

刮勺

我們用的是耐熱刮勺，幾乎包辦了炒菜、攪勻、刮拌的所有工作，還能夠把掛在盆上的麵糊液體刮得一乾二淨。一體成型的刮勺，清潔上比較方便。擁有一把好用的刮勺，能帶你上天堂。

攪拌盆

　　攪拌盆一定要買一個夠大的，麵粉如果在攪拌時一直噴飛出來是很煩人的。

人字夾

　　煎肉時翻面、將麵條從滾水中夾出，人字夾都比筷子好用太多，也可以當成分食的餐具直接上桌。

過濾棉布和棉繩

　　過濾棉布和棉繩的組合，最常拿來包成燉物使用的香料袋。分開使用的話，棉布可以鋪在濾網上加強過濾，棉繩拿來綁香草束時使用。

烘焙紙

　　如果問我們到荒島上只能帶一樣東西會帶什麼，我們一定會選烘焙紙！除了最常用來預防沾黏、清洗容易以外，紙包料理和燉肉更是不能少了烘焙紙，也可以當成食物的包裝紙來用。

我們的下廚私房歌單

　　和切菜倏倏聲、炒菜乒乓聲、油湯啪啪聲最能搭配和諧的，就是自己喜歡的音樂。在廚房裡就盡情扭腰擺臀吧，反正沒有人看得見。

　　除了這幾張爵士專輯，我們會在粉絲頁上隨時分享其他也適合下廚時聽的音樂類型。

Earfood——Roy Hargrove

　　羅伊‧哈格盧夫的音樂實驗性質重，他喜歡把爵士和其他曲風融為一體，但是聽起來一點都不會古怪，就像這張充滿活力，能讓整個廚房熱鬧哄哄起來的專輯，什麼時候聽都可以。想要聽更多羅伊實驗性的音樂，可以聽聽《Habana》這張專輯，不過適不適合做菜的時候放就見仁見智了，因為比較低沉悲傷，我們通常在想要安靜和看書的時候聽。

Getz / Gilberto

　　將 Bossa nova 帶進爵士世界是史坦‧蓋茲最廣為人知的成就，他猶如絲絨般的薩克斯風音色，和天氣晴朗、有微風的下午茶時段非常相襯。專輯中演唱名曲〈The Girl from Ipanema〉像天使一樣的聲音，是吉他手吉爾伯托的太太。如果喜歡爵士和 Bossa nova 的話，可以去找《Big Band Bossa Nova》、《Jazz Samba Encore！》、《Jazz Samba》和《Stan Getz with

Guest Artist Laurindo Almeida》這四張專輯。

John Coltrane and Johnny Hartman

　　約翰‧柯川的薩克斯風，大多時候聽起來混亂且狂放不羈，可是在約翰尼‧哈特曼渾厚有磁性的歌聲穿針引線下，卻顯出鐵漢柔情的內斂。整張專輯非常恬靜，適合在準備晚餐或深夜靜靜燉一鍋肉的時候聽。

Music for Lovers——Stanley Turrentine

　　薩克斯風手史坦利‧杜倫亭把藍調樂句放入即興的演奏裡，呈現出搖滾浪漫的特殊風格，給人一股光明正向的感覺，傍晚落日斜陽照進廚房時，我們就會播放這張專輯。另外我們也愛史坦利的《Sugar》專輯。

Standard Time Vol.3:
The Resolution of Romance——Wynton Marsalis

　　每天帶大團演出的林肯中心爵士樂團藝術總監溫頓‧馬沙利斯，出自馬沙利斯音樂世家，這張專輯中他與製作人弟弟和鋼琴手爸爸艾利斯‧馬沙利斯（Ellis Marsalis）共同演繹了幾首爵士標準曲，和可以悠哉準備早餐的時光特別搭。

我們的戀食書癖

雖然我們的食譜書都快把書櫃給塞爆到站不穩了，但每次旅行都要到當地書店晃晃依舊是定番行程，然後一看到食譜書還是忍不住又買下去（尤其二手書店裡幾乎全新的書，一本才一塊美金怎麼能不買！）……我們就這樣一直在塞爆書櫃和無法戒斷買書的循環裡無可自拔。

以下是幾本我們認為蠻值得擁有的飲食相關書籍：

The Art of Simple Food——Alice Waters

愛麗絲‧沃特斯是加州柏克萊知名餐廳 Chez Panisse 的創辦人，講求食材有機和在地的重要性，前第一夫人蜜雪兒‧歐巴馬還因此深受影響，在白宮開闢了一個自耕小菜園。「不在餐盤上做不必要的裝飾」是 Chez Panisse 提出的概念，形塑出加州現今的餐飲風貌。《The Art of Simple Food》有一、二共兩冊，愛麗絲的生活與態度是我們身心嚮往的境界。

Salt, Fat, Acid, Heat——Samin Nosrat

我們曾在加州大學聽過沙明‧諾斯拉特的現場演講，本人十分親切風趣。她曾在 Chez Panisse 擔任過廚師的經歷，配上伊朗的移民背景和流利文筆，書裡呈現出來的內容涵蓋多元，面向豐富。她在 Netflix 上也有與書同名的飲食節目。

On Food and Cooking──Harold McGee

　　哈洛德‧馬基在飲食界的重磅地位就不用我們贅述了。這本書我們把它當成字典一樣，對食材或是專有名詞有疑問的時候，就會去找它尋求解答。

The Science of Good Cooking

　　這是「America's Test Kitchen」編輯群合編的一本書，用科學理論方式解釋烹飪的「為什麼」。

The Food Lab──J. Kenji López-Alt

　　我們絕對不會承認，我們是喜歡 Kenji 的幽默才買這本書的。Kenji 曾在「America's Test Kitchen」工作過，所以他的書也以科學實證風格貫穿，但是閱讀起來一點都不會覺得枯燥乏味。

傑米‧奧利佛的食譜書

　　我們幾乎每一本都有，所以很難只推薦出一本來。

減塑的生活

你曾經注意過在一天之內光是從廚房製造出來的垃圾有多少嗎？開始下廚後我們才強烈意識到，從採買到烹調完成這一路下來所產生的垃圾，特別是塑膠製品的垃圾量，多到驚人。

環保再利用，在我們的居住地，是被大部分居民所極度在意珍視的話題。有機合作社除了不時開設減塑宣導講座，提供大家可以落實到生活中的減塑點子，裝菜區多以紙袋取代塑膠袋，結帳出口處也有鼓勵大家把牛奶瓶洗淨回收，就可以獲得一點點回饋金的小區。我們還偷偷觀察很多居民都捨棄輕薄的塑膠袋，而選擇自帶厚重的玻璃瓶到散裝區購買穀物與乾豆，就算這樣最後秤重計算起來得要付出更多的錢。

於是我們也開始揹起方便清洗的帆布袋、透氣網去買菜；購入可以重複使用的玻璃保鮮盒，讓用到保鮮膜的機會降到最低，家裡的保鮮膜用了六年到現在還沒有用完；外帶食物盡量自己帶不鏽鋼容器裝回，既耐熱又安全。最近天然的蜂蠟包裝紙（網上有很多自製教學）、相對環保的矽膠袋也漸漸流行起來，保鮮效果很好，也能同時減少塑膠袋的出場率。

雖然還是無法百分之百將塑膠袋從生活裡去除，比如有時候還是會有忘記帶購物袋出門，得買塑膠袋的狀況發生，這時我們就會把塑膠清洗袋晾乾後多多利用幾次，在丟棄以前想辦法讓它發揮最大價值。

　　開始用保鮮盒後的意外收穫，是冰箱變得整齊好整理，由於食材都能很好地堆疊在一起，空間運用起來能更有效率；加上透明盒身，很容易一眼找到需要的食材和分門別類。如果用的是氣密盒，就算不小心翻倒也不怕汁液流得到處都是，冰箱裡也不會有食物互相交雜的異味。

下廚時的得力助手

油、香草、香料與調味品，缺一不可

油

拿起油，倒入鍋，通常是做一道料理時的起點，想想，我們每天都要吃油用油好幾回。選擇要以什麼油入菜，左右著菜餚最後呈現出來的風味；如果同一道菜以不同種類的油來煮，那麼聞起來、嘗起來的感覺也會截然不同。

我們的廚房小櫃裡通常不只備有一種油而已，而是有好幾種不同的油，依隨當下心情和菜式變化，隨時交替輪番上陣：

特級初榨橄欖油（Extra Virgin Olive Oil，EVOO），是我們最常使用的油。除了當淋油之外，品質優良的 EVOO 其實是耐得住高溫的好油，日常烹調中的小炒、快煎、蒸煮都能勝任；同樣頗耐高溫的初榨椰子油，富有熱帶雨林的甜蜜香氣，拿來放入南洋菜系特別合拍，我們也把它當成滋潤皮膚的天然按摩油來擦；比起有鹽奶油，無鹽奶油使用上更能自由調整鹹度，想要烤出來的派皮更酥，可以選擇含水量相對較

少的歐式奶油；芝麻油、堅果油（烘烤榛果油、
胡桃油等）、苦茶油風味各自鮮明，拿來涼拌、
沾食最能嘗到油的原始滋味。

動物性油脂我們也會偶爾使用，晨起到市場買袋豬油板回家，一
斤只要幾十塊錢，就能在爐前悠悠晃晃地炸出一大鍋豬油來；如
果有買到珍貴的有機草飼無鹽奶油，我們則會拿來煉成酥油。

關於油，我們有一個小偏執，就是經過高溫精煉出來的油，一律
能不用就不用，這些油的營養價值已經在製作過程中被破壞殆盡。
另外絕對要避免把油預熱到冒出白煙的狀況，看油紋出現菜就可
以下鍋；過度加熱會導致油質轉劣，不僅對身體有害，做出來的
菜味道也不會好的。

可以自己煉的油——酥油

奶油單獨加熱的話很快就會燒焦，那是因為奶油中含有乳固形物的緣故；藉由加熱讓奶油中的水分蒸發，也把乳固形物、蛋白質、乳糖都從脂肪中分離去除，餘留下來的純粹油脂，稱做澄清奶油（也叫無水奶油）；如果將澄清奶油繼續加熱，直到沉在鍋底的乳固形物轉為褐色、油色由淺黃轉深，即是酥油（Ghee）。

酥油在烹飪上最常被提及的優點就是冒煙點極高，像是爆米花、煎牛排，或是我們亞洲胃習慣的大火快炒料理都使得上，甚至有人認為用酥油來做荷蘭醬的乳化效果更加穩定。天氣炎熱時，常溫下的酥油為液態狀，天冷時或冷藏後會成固態，使用前先取出退冰即可。

材料

無鹽奶油 454 公克,切塊
- 奶油切塊再入鍋後熔得快,將整條直接入鍋也無妨。

作法

1. 湯鍋中放入奶油,小火加熱至奶油完全熔化。奶油熔化後表面會浮起許多白色泡沫(蛋白質),且不久後會開始發出此起彼落的逼逼波波聲(水分蒸發的聲音),此時繼續維持小火,讓奶油保持微微滾的狀態約 15 ～ 20 分鐘,直到泡沫變少變小,逼波聲變得微弱、頻率降低。這時鍋底會出現一顆顆沉澱的白色乳固形物。

2. 水分蒸發的逼波聲變小後,接下來的 5 ～ 10 分鐘必須專心顧爐,隨時查看鍋底的乳固形物與油的顏色變化。一旦乳固形物從白色轉為深褐色、油色從淺黃轉為深金黃色時就要馬上離火,免得煮過頭燒焦。

3. 取一個消毒乾淨且乾燥的氣密玻璃罐,將鋪上過濾棉布的濾網架在瓶口上,提起鍋子小心地將酥油經由濾網緩緩倒進罐中,濾除泡沫和褐色乳固形物,待酥油完全放涼後蓋緊蓋子即完成。酥油可在室溫下儲放 3 個月,冷藏保存半年,冷凍保存 1 年。

煮廚小妙用

酥油濾除後剩下的奶酥(褐色乳固形物),我們常用手捏著就吃,酸酸香香的非常可口;也可以拌入飯和麵中,或是配著麵包一起品嘗。

香草

我們的袖珍型窗台上沒有種什麼花，倒是養了可以隨手剪下 2、3 枝入菜的香草一盆盆。香草就像「老鞋匠與小精靈」的故事中，那些能讓皮革搖身一變成精緻美鞋的小精靈一樣，香草擁有能讓菜餚跳躍起來、閃閃發光的神奇魔法。

迷迭香

迷迭香和任何雞肉料理都非常相襯，我們害怕的雞肉腥味只要請出迷迭香來鎮場，就會變得一丁點都察覺不到。迷迭香在香草群中算是容易照顧的乖寶寶，來不及料理上用完，我們就把它拿來泡成花草茶喝。對了，迷迭香配上油煎洋芋塊也極度美味！

巴西里

如同它鮮綠色的外表一樣，巴西里帶股明亮清新的嫩草味，有平葉和捲葉兩種。法國廚師特別愛用油炸的捲葉巴西里替料理增添口感，也常被當成濃湯和菜餚的裝飾；平葉巴西里味道相對突出，葉片柔軟比較好運用在料理上；如果有得選，我們通常用平葉巴西里居多。巴西里的梗比葉片更富風味，拿來熬湯特別好，書中的萬用雞高湯就是把巴西里綁成香草束下去熬出來的。

百里香

百里香的大地馨香氣息低調平和，幾乎和所有食材都能相處融洽、不違和，是西式料理中的靈魂人物。書裡的法式洋蔥湯、西式紙包魚、油封小番茄、紅酒燉牛肉都有它的蹤影，有時候我們也會拿百里香來取代更常見的迷迭香烤成佛卡夏，特別喜歡欣賞它們在夏日時開出的一朵朵淡紫色小花。

蝦夷蔥

有時候只想要淡淡的辛辣提個味，連泡過冰水的洋蔥、切細碎的綠蔥都顯得太超過的時候，我們就會選用蝦夷蔥。蝦夷蔥很有存在感卻不會喧賓奪主，通常剪成小段直接生食也不會覺得嗆口，是料理最後一步時很好的點綴。

月桂葉

如果你住的地方，乾燥月桂葉比新鮮的更容易取得也沒關係，還好月桂葉是耐放（可放一年），且乾燥後香氣加乘的香草之一。月桂葉有去腥殺菌的功效，很常用在燉物與湯品中，有一些餐廳也會利用月桂葉中淡淡的清苦來凸顯甜味，例如：放進冰淇淋和烤布蕾裡。

香料

肉桂粉

肉桂粉似乎喜歡它的人喜歡的不得了，不喜歡它的就避之唯恐不及，好像連聽到名字都會過敏一樣。而我們的人生絕對不能沒有肉桂粉啊！每天喝咖啡一定要撒上以外，肉桂捲更是我們最愛的甜點之一，說說，沒有肉桂粉的蘋果塔，怎麼能叫蘋果塔呢？

薑黃

薑黃是這陣子爆紅的香料，每家咖啡廳都紛紛推出「薑黃咖啡」這個品項。新鮮薑黃我們會切片和堅果奶、燕麥奶一起煮成薑黃奶，薑黃粉則需要高溫與油脂的催化才會香，不建議單獨當成撒粉來用，會產出引人皺眉的澀味。薑黃的染色力很強，小心別沾到衣褲、白色桌面，否則很難完全清洗乾淨。

肉豆蔻

肉豆蔻（Nutmeg）是波隆那料理中不可或缺的香料，特別是波隆那肉醬，也可以放入甜點裡，一次加入的量不要太過，不然整道菜容易顯苦。盡量買整顆的肉豆蔻回家，在使用前再現刨成粉，比較能保留香氣。

咖哩粉

印度鄰居告訴我們，每戶印度人家裡的咖哩粉都有自己的配方，

在家族裡一代傳承一代。咖哩粉，我們除了煮南瓜濃湯一定要加之外，有時候也會在拌沙拉和烤蔬菜時撒一點，和椰奶一起煮就是濃稠的咖哩鍋，我們已經很少買市售的現成咖哩塊了。

黑胡椒

基本上中式料理大多以白胡椒入菜，西式料理則用黑胡椒。黑胡椒粒一旦被磨成粉後，香氣就會一天天遞減，所以我們只購入完好的黑胡椒粒在入菜前現磨，整顆黑胡椒粒則拿來熬煮高湯時增香，也方便最後濾除。

其他常備的調味品

帕瑪森起司

請盡量購買切塊的新鮮帕瑪森起司回家，要用多少現刨多少。起司用完剩下的硬皮是煮湯時的祕密神器，它在湯裡不會完全融化，但是會在慢慢軟化的過程裡給湯帶來一股非常醇厚的鮮味（Umami），同時讓湯體變得濃稠。美國超市的盒裝帕瑪森起司硬皮，賣價可不便宜呢！所以之後留下的硬皮可千萬別扔了，要包裹好放進冷凍庫當寶貝一樣好好保存，下次煮湯的時候就可以拿出來用。

魚露

我們超級愛魚露，從一開始害怕它的臭味，到最後變成每次煮飯都在找機會放進個一兩匙。不只有泰式料理可以用，我們的紅酒燉牛肉和法式洋蔥湯都有加進魚露，魚露能讓料理變得深長而有層次，能讓你瞬間變成做菜高手！

楓糖和蜂蜜

除了砂糖拿來烘焙用以外，楓糖和蜂蜜是另外兩個我們喜愛的增甜調料。楓糖和蜂蜜除了甜味，也可能替菜餚帶來其他滋味，例如蜜蜂採集野花或橙花產出的蜂蜜富有花香，用威士忌酒桶保存的楓糖漿能替菜餚帶來酒香尾韻；最大的好處是它們不需要等待溶化就能立刻使用。

巴薩米克醋

動輒十幾二十年的陳年巴薩米克醋非常昂貴，如果沒有預算，可以和我們一樣買平價的回來，倒進湯鍋裡先煮沸，再轉小火煮15～20分鐘，至巴薩米克醋蒸發至剩下

⅓，質地變濃稠幾乎可以扒仕湯匙背面，同時甜味提高，算是一個仿陳年老醋的偷吃步。巴薩米克醋常在最後才淋上起畫龍點睛的效果，如果和草莓拌著吃，就是成熟大人版的高級甜點。

Chapter 2

這些菜，
怎麼料理才好吃

每一次下廚，都是一次施展魔法的過程。
將樸實的食材變身成精緻又美味的料理，
就是最棒的療癒。

晚間時光，最彌足珍貴
——省時省力的豐美晚餐

坐下來，好好地吃上一頓豐盛晚餐，
犒賞自己一天的努力與辛勞。

058 義大利檸檬蒜味奶油蝦

050 中式和西式紙包魚——料理祕技：紙包料理法

044 茱蒂・羅傑斯的冠軍烤雞——料理祕技：乾式鹽漬肉品料理法

040 南洋風魚露香茅豬排

南洋風魚露香茅豬排

　　豬排常由豬隻背脊區的里肌肉而來，有無骨和帶骨兩種，因為特愛啃食骨頭邊角的肉與筋，選用帶骨豬排是我們的個人偏好。拿無骨豬排來做也行，除了搭配米飯同食外，無骨豬排還能夾入吐司間做成營養早餐。

　　如果購入的豬排非常厚實，請在豬排兩面各鋪上一層烘焙紙，再用重物捶打成小於 1 公分的薄度，這麼做除了好讓豬排在鍋內快速煎熟，敲打後的肉質也會更加柔嫩。沒有肉鎚的話不需要特意添購，用手邊現有的平底鍋或擀麵棍來取代一樣能達成任務。

　　豬排醃料的鹹味和鮮味，皆由魚露提供。單聞魚露腥味嗆鼻，不過魚露一旦與香料、糖和檸檬相遇，風味就會截然不同。如果實在很害怕魚露的味道，可以從顏色較淺的魚露試起，通常深色魚露的氣味會比淺色魚露來得濃厚。

　　豬排清新的香氣，則從香茅而來。準備香茅時首先剝除香茅外一至兩層粗皮，再切掉根部和纖長的綠色頭端，只留下中段粗大白嫩的部位，最後用刀背拍鬆引出芳香。香茅在進口和連鎖超市皆很好購得。

　　豬排要煎得噴香，鍋子一定要預熱，而且要夠熱。豬排入鍋的瞬間如果沒有聽到「嘶唰──」的聲響，就代表鍋子預熱不足，這樣豬排除了不好煎上色外，也會缺少焦香。煎好的豬排應該閃著勾人食慾的薑黃色澤，還有幾道深褐色的微焦煎痕。

很趕的話，豬排最快醃製 15 分鐘後就能下鍋，但是如果時間允許，請讓豬排與醃料好好在冰箱休息一夜，隔天再來吃會更加入味。可以事先醃製且料理簡便，醃豬排因此成為我們家的常客，一次多醃些起來放在冰箱就成儲糧，是忙碌日子中最好的救援隊。

材料

帶骨豬排 4 片（每片約 125 公克）
魚露 1 又 ½ 大匙
香茅 1 根，拍鬆後切段
蒜頭 2 顆，磨成泥
薑黃粉 ¼ 小匙
砂糖 ½ 小匙
黑胡椒 ¼ 小匙
辣椒末適量，隨個人喜好添加（不吃辣可省略）
油 1 大匙
檸檬汁適量（提味用）

作法及步驟

1. 製作醃料：在大碗中將魚露、香茅、蒜泥、薑黃粉、糖、黑胡椒和辣椒末（如有用）拌勻，至糖完全溶化。
2. 豬排放入醃料中翻攪，讓豬排每個部位都沾裹到醃料，醃至少15 分鐘，或包妥放進冰箱醃至隔夜更入味。
3. 開中大火預熱煎鍋（或像我們用橫紋烤盤）、倒入油，等油溫夠熱出現波紋時，豬排平鋪下鍋。
4. 豬排入鍋後先不要翻動，讓豬排一面煎約 3 ～ 4 分鐘上色，接著才翻面續煎，直到豬排熟透。翻面後觀察一下如果上色太快、太深，請將火力轉小。
5. 豬排起鍋後，可再擠上適量的檸檬汁提味即完成。

茱蒂・羅傑斯的冠軍烤雞

料理祕技：乾式鹽漬肉品料理法

如果哪一天搬離了加州，會讓我們最念念不忘的餐廳，一定是座落在舊金山市場街口上（Market Street）上，披著亮麗鮮黃色遮雨棚，由棗紅方磚、斑舊原木和三角落地窗砌成的 Zuni Café，特別是——它的烤雞。

兩人份烤全雞配溫麵包沙拉，是 Zuni Café 一直以來名氣最響亮的一道菜，也是已逝前主廚茱蒂・羅傑斯（Judy Rogers）的成名作。烤雞的作法早已不是祕密，茱蒂曾在她的食譜書中不藏私地把烤雞作法交代得明白詳盡，為的就是讓每個人即使用家用烤箱，也能烤出媲美專業窯爐烤的烤雞來。

在家烤雞最常見的狀況，不外乎肉吃來乾柴澀口、雞肉入味不夠、或是外皮烤得不夠香脆，以上種種的烤雞問題，只要奉行茱蒂的「乾式鹽漬法（Dry Brining）」，保證一個都不會發生。茱蒂烤雞除了外皮金黃薄酥，肉質豐潤多汁，鹹度更是恰到好處，連最容易烤柴、烤乾的雞胸肉，一刀切開都能見到滿溢的雞汁流淌。所以就算世上的烤雞方法有百百種，我們依然是堅定的「茱蒂流烤雞」信徒。

乾式鹽漬法，簡單來說，就是在烘烤前的 1 ～ 3 天，於雞表面抹上依重量而定的一定鹽分，並讓

鹽有充分的時間發揮作用。一開始鹽會因為滲透壓的關係讓肉的表面出水，但是過一陣子等鹽完全溶解，形成所謂的「鹽漬」以後，又會再被肉給通通吸收回去，是一種既能軟化肌肉，又有調味功能，又能給肉加補水分的一舉數得料理法。

用 1250 ～ 1600 公克偏小型的雞來做烤雞是茱蒂的建議，原因是她認為在這個大小範圍內的雞，雞皮與雞肉的比例最佳，烤出來的雞會最柔嫩多汁。不過不是每次都能剛好找到理想的小型雞，我們就曾用過大型雞來烤，成果依然完美。所以由此可知，雞的大小其實並不是太重要，事先做好鹽漬工序，才是烤雞美味的關鍵。

別被看似落落長的烤雞作法給嚇到了，操作幾次熟悉以後，其實根本上只有抹鹽和丟進烤箱兩個步驟而已；不需要給雞綁線，也不用中間猛淋油，如果不放香草又更加省事。烤雞絕對不是特別節日才能做的年度大菜，應該是只要想吃，就隨時都可以端上桌的週間家常菜才對。

材料

全雞 1 隻（2 又 ¾ 磅～ 3 又 ½ 磅，約 1250 ～ 1600 公克）
鹽依雞隻大小決定用量，每 1 磅（454 公克）用 ¾ 小匙鹽
黑胡椒依雞隻大小決定用量，約每 1 磅（454 公克）用 ¼ ～ ½ 小匙
新鮮迷迭香 4 枝（或是其他喜歡的香草，亦可省略）

作法及步驟

1. 全雞買回家後，以利刀斷開脖子與身體接連的軟骨處、兩隻雞爪與小腿骨的相連處，或請肉販代勞處理。

■ 切下的雞脖子和雞爪一副別丟，裝好放進冷凍保存，之後熬萬用雞高湯（作法請參考P.64〈萬用雞高湯〉）時可以拿來使用。

2. 整隻雞身體裡、外都用廚房紙巾拭乾水分，盡量擦得愈乾愈好。愈乾燥的雞，才愈容易烤出金黃脆香的雞皮。

3. 將雞胸面朝上平放，用食指與中指兩隻手指，輕輕伸入靠近腹腔處的雞胸與雞皮之間、棒棒腿外側與雞皮之間，左右滑動分離雞肉與雞皮，創造出像口袋一樣左右各二，共4個小空隙。

4. 接著一手撐開雞皮，一手將4枝迷迭香，各放1枝到每個空隙裡，動作請盡量輕柔，才不會弄破雞皮。（如果不放香草，步驟3.、4.可以省略。）

5. 將鹽和黑胡椒在小碗裡混勻，用手抓起均勻抹在雞身表面，肉比較厚的雞胸和大腿部位可以多抹一點，內腔則撒一小撮調味即可。

6. 將抹好鹽和黑胡椒的雞裝進大塑膠袋裡（雞下方可以墊個盤子方便移動），放進冰箱冷藏1～3天（愈大隻的雞，時間要愈長）。塑膠袋口不要完全綁死，綁得鬆鬆的留個小開口通風，有助於雞皮風乾。

7. 烤箱預熱250℃。

8. 取一個有邊烤盤，先在烤盤（或夠大的平底鍋）底部均勻抹上一層薄薄的油；接著將雞從冰箱取出，用廚房紙巾再一次把裡外的水分都擦拭乾淨，雞胸面朝上放入烤盤，放進烤箱中層。

■ 為了預防雞皮沾黏，茱蒂烤雞前會先把烤盤預烤到非常燙以後才把雞入盤，我們試驗了很多次，發現這麼做雞皮最後多少還是會沾黏在烤盤上。於是後來我們改成：先在烤盤底部抹上薄薄一層油防沾，接著在烤盤、油、雞都還是冷的狀態下直接放進烤箱，如此一來雞皮破裂和沾黏的情況就改善很多。

■ 另外我們也不將兩隻雞腿五花大綁起來，原因是雞大腿常是最不容易烤熟的部位，如果讓整隻雞以舒服的開展狀態進入烤箱，熱源就可以更有效率地抵達大腿的最深處；同時也因為有更大面積的雞皮展露在外，而有更多地方可以烤得酥脆。

9. 烤至20分鐘時，觀察雞皮此時有沒有已經開始明顯上色，以及聽聽看有沒

有劈哩啪拉的雞油爆裂聲，如果沒有，請將烤箱溫度調高約 25 ～ 50 度；相反地如果看雞皮上色太過猛烈，例如已經有些地方被烤得焦黑，或者烤箱冒出過多濃煙，那麼請將溫度調低約 25 ～ 50 度。

■ 由於每個烤箱溫度狀況不盡相同，請依照烤雞上色的情況，隨時調整烤箱溫度。

10. 烤至約 50 分鐘時，檢查看看烤雞熟了沒有，方法有兩種：

① 切開大腿和雞胸連接處，如果從骨頭深處流出的汁水清澈不帶血，就是熟了。

② 如果手邊有溫度計，將溫度計插入雞腿最厚處，溫度如果有達到 75℃，就是熟了。

如果雞還有點生嫩，視情況再多烤約 5 ～ 10 分鐘。

烤雞總共所需時間約 50 ～ 60 分鐘，基本上溫度高，烤的時間就短一點，溫度低的話就需要多些時間，體型較大的雞也需要較長的烘烤時間。

■ 茱蒂在烤雞的過程中會替雞翻面 2 次，我們改成一面從頭烤到尾，除了比較省事，也避免雞皮在翻面時有被扯破的機會。

11. 烤雞出爐後，千萬不要急著切開，要先將烤雞從烤盤移至大盤中靜置，最好靜置至少 15 分鐘，待雞汁回收至雞肉組織裡再切，吃起來才會更嫩口。

12. 靜置烤雞的同時，將烤盤移至爐上，加入 1 大匙水或白酒，開大火加熱至微滾，並用刮勺攪起黏在鍋底的碎屑，約 2 ～ 3 分鐘後，就是濃郁精華的雞汁醬。雞汁醬可以拿來像茱蒂一樣淋在麵包沙拉上，或像我們用來拌攪烤香的根莖蔬菜，拿來拌麵、拌飯也很好。

■ 烤雞如果一餐沒吃完，我們會把剩下的雞肉手撕成細條，隔天炒義大利麵或拌成沙拉；最後剩下的一副雞架骨可以冷凍保存，之後煮萬用雞高湯（作法請參考P.64〈萬用雞高湯〉）時可以和生雞肉一起放下去熬煮。

乾式鹽漬法

不只烤全雞時可以用，料理所有肉類時都能如法炮製，油脂偏少的瘦肉部位特別合適。只要在烹調前事先抹鹽，接著放置至少6小時（或最好隔夜），不用特別高超的煎烤技巧，肉質也能軟嫩多汁。

中式和西式紙包魚

料理祕技：紙包料理法

烘焙紙除了拿來做西餅糕點用以外，更是做料理時的超級得力助手。紙包魚是我們初踏進廚房時學會，直到現在還是非常喜愛，時不時就會拿出來做的一道菜，在這裡要將它好好地介紹給你。

紙包料理，有個聽起來很新潮的法文名「En Papillote」，意思是「在紙裡（In Paper）」，不過它其實是一個已經流傳許久且常見的烹調方式。在烤箱裡的紙包就像桑拿房一樣，肉與配料在密不通風的空間裡相互作用，彼此交疊出富有層次的風味，和我們熟悉的紙包雞、糯米雞的概念相似。

雖是放進烤箱中烤，紙包嚴格說來更像蒸的料理多一些，不過蒸氣並非另外添水而來，而是來自食材本身富含的水分。烘烤紙包料理時，熱氣會在袋中不斷循環，煮熟食材的同時，香氣既不會流失，肉中的水分也能完整保留下來。因此紙包料理法特別適合拿來烹調脂肪較不豐厚的魚蝦貝類，甚至有些時候連雞胸肉我們也會偷懶跳過鹽漬步驟，直接裝進紙包裡烤，出來的成果依然多汁軟嫩。

將紙密封起來的方式有很多種，這裡示範的 3 種包法，都是從同一張長方形烘焙紙變化而來，其中「包糖果法」是我們最常用，也覺得最便捷的一種。目標是要將烘焙紙緊緊包起毫無縫隙，讓蒸氣沒有四處竄散的機會就好，所以就算有時候要拿訂書針來作弊輔

助一下也沒有關係。不太建議拿鋁箔紙來代替使用，做中式全魚時怕會沾黏魚皮，而西式紙包魚裡有番茄和檸檬等酸性食材，就更不適合鋁箔紙了。

我們會在前一晚，或是早上出門前，先把食材組合好裝進紙包裡冷藏，回家後就可以直接將紙包送進烤箱，趁著烘烤時就能從容沖個熱水澡，澡洗完時晚餐也好了。如果在肉片下鋪上一些快熟的嫩葉蔬菜，或是切成極薄的馬鈴薯、地瓜片等，一個紙包裡就有菜有肉又有澱粉，輕輕鬆鬆就能享受豐盛的晚餐，還可以少洗好幾個碗，多好！

中式紙包魚

材料

赤鯮 1 尾（約 350～400 公克，或其他白肉全魚）
鹽 ½ 小匙
蔥 2 根，切細絲
薑約 1 根大拇指的長度（10 公克），切細絲
紅辣椒 1 根，切細絲（怕辣者可以刮去辣椒內部白色辣囊和籽，亦可省略）

醬汁

醬油 1 大匙
魚露 1 小匙
楓糖漿 1 大匙
米酒或清酒 1 大匙
麻油 ½ 大匙

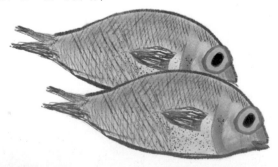

煮廚小妙用

這個醬汁除了拿來做紙包魚用以外，我們還有另外一個妙用──
拿來做燙青菜的淋醬。先在鍋裡把紅蔥頭以豬油稍微炒香，再倒
進醬汁材料（除了麻油以外），拌勻後趁熱淋在燙青菜上，吃起
來就和在黑白切麵攤點的燙青菜一樣！

作法及步驟

1. 烤箱預熱 220℃。
2. 將整條魚（包括魚肚裡）的黏液和血水沖洗乾淨，將裡、外均勻
   抹上鹽，靜置 15 分鐘；等待時，可將所有醬汁材料在小碗中混
   勻備用。
■ 魚鰭，特別是背鰭非常鋒利，在拿魚和擦魚的時候要特別小心。
   為避免割傷，背鰭可以先用剪刀去除，或請魚販幫忙處理。
3. 待 15 分鐘一到，拿廚房紙巾將魚表面、魚肚、魚鰭、魚頭釋出
   的水分全部都擦拭、吸收乾淨。
■ 漁獲除非當日新鮮現釣，不然經過冷凍又退冰，到我們手上的時
   候難免都會有點腥氣味，確實把魚身上抹鹽後釋出的汁水和黏液
   擦乾淨，是做出沒有異臭味魚料理很重要且不可省的一個步驟。
4. 裁一張烘焙紙（長約魚身的 3 倍、寬約魚身的 2 倍），選擇一種
   紙包方式，在烘焙紙上放上魚，接著在魚身上鋪放蔥、薑、辣椒
   絲，再均勻淋上醬汁，將烘焙紙緊緊包起。
5. 紙包魚放上烤盤，將烤盤放進烤箱中層，烤約 15～20 分鐘，
   至香氣四溢、紙包微微膨起，且表面烤上一層黃褐色即完成。紙
   包魚打開的瞬間會有蒸氣竄出，請小心燙傷。

西式紙包魚

材料

任何白肉魚排 1 塊（約 300 公克）
鹽 ¼ 小匙
黑胡椒 ⅛ 小匙
黃洋蔥 ½ 顆（約 70 公克），切絲
醃漬黑橄欖或綠橄欖 5～6 顆（或兩種混合使用），去核切半

小牛番茄 1 顆（約 140 公克），切丁
酸豆（Capers）1 大匙
白酒 1 大匙
油 2 小匙
無鹽奶油 10 公克，切小塊
新鮮百里香 3～4 枝
切成舟狀的黃檸檬適量

作法及步驟

1. 烤箱預熱 220℃。
2. 將魚排沖洗乾淨，兩面均勻抹上鹽，靜置 15 分鐘；15 分鐘後，拿廚房紙巾將魚表面釋出的水分擦拭、吸收乾淨，兩面均勻撒上黑胡椒。
3. 裁一張烘焙紙（長約魚身的 3 倍、寬約魚身的 2 倍），選擇一種紙包方式，在烘焙紙上放上魚排，接著在魚排上鋪放洋蔥絲、橄欖、番茄丁、酸豆，再淋上白酒、油，擺上奶油塊和百里香，將烘焙紙緊緊包起來。
4. 將紙包魚放上烤盤，烤盤放進烤箱中層，烤約 15～20 分鐘，至香氣四溢、紙包微微膨起，且表面烤上一層黃褐色即可出爐；紙包打開後，擠上檸檬汁即完成。紙包魚打開的瞬間會有蒸氣竄出，請小心燙傷。

■ 最後擠上一點檸檬汁，能讓整道菜的味道明亮起來，建議不要省略。

紙包料理法

A. 包糖果法

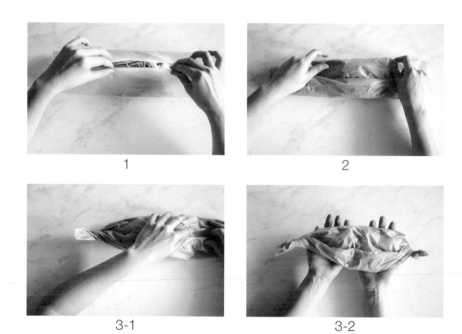

1

2

3-1

3-2

1. 將魚橫擺在烘焙紙正中央，鋪上佐料和醬汁，拎起烘焙紙上下兩端。
2. 拿著烘焙紙兩端一起往下折幾折，至快碰觸到食材。
3. 接著再把烘焙紙左、右兩側往食材方向捲緊，像包糖果一樣即完成。

煮廚小提醒

做紙包料理時，烘焙紙寧願裁得過大，也不要過小，因為肉片加上鋪在上面的食材都有厚度，紙若太小會非常難包得緊。

B.半月形法

1
2-1
2-2
2-3

1. 烘焙紙對折出中線後攤平，將魚橫擺在烘焙紙摺線左、右任一側，鋪上佐料和醬汁。
2. 將烘焙紙另一側對折覆蓋上魚，從對折處開始折出一個接一個，彼此部分重疊的三角形密封摺痕，最後成半月形即完成。

C.包信封法

1. 三邊開口都像折起信封口一樣密封，最後成為一個長方形。

義大利檸檬蒜味奶油蝦

說到這道檸檬蒜味奶油蝦（Shrimp Scampi），一些對正統菜系有所偏執的義大利人恐怕又要大翻白眼了。Scampi 在義大利指的是一種有粉紅外殼，類似小龍蝦的甲殼類，但是早期義大利移民到美國後因為到處找不到 Scampi，只好轉而用較好取得的蝦子來複製出他們記憶中的家鄉味。久而久之下來，現在美國餐館 Shrimp Scampi 早已經演變為菜單上的菜名，Scampi 指的也不再是小龍蝦了，而是以奶油蒜末來炒香的一種料理方式。

雖然這是一道源自義大利，傳至美國變種又被發揚光大的菜，我們卻是有晚在京都西本願寺附近隨意溜達，意外發現的一間小酒館裡吃到它的。自從那個時候開始，我們就對這道菜非常喜歡，只要想吃海鮮的時候一定就會做這道菜來吃。

菜中雖然用去頭也去殼的蝦來料理，不過還是建議盡量購買完整帶殼帶頭的蝦回家，自己花一些時間清洗處理會比較理想。事先去殼去頭的蝦準備起來固然方便，但是風味和肉質絕對都比不上完好的蝦；剝除的殼和頭可以拿來熬高湯時使用，變成做菜時的增鮮利器。

Scampi 傳到美國以後，除了改以鮮蝦取代，也演變出拿雞肉入菜的作法，還有加進番茄丁、麵包粉和其他香草的變奏版本，像美國知名義大利主廚 Lidia Bastianich 在他的《Lidia's Italian-

American Kitchen》這本書中，Scampi 用的香草就是龍蒿而不是巴西里。不過不管怎麼變化，絕對別省的是檸檬汁，它能讓偏油的奶油醬汁整個鮮活起來。

　　這道菜的步驟看似很長，其實實際做起來非常迅速，所以最好能在開火前把所有材料都事先準備好，做菜的時候才不會手忙腳亂，發生來不及顧鍋讓蒜末燒焦的狀況。肚子很餓的時候，我們會丟一把煮好的義大利麵進鍋裡，再撈進點煮麵水讓醬汁變得濃厚，或拿切片的免揉麵包（作法請參考 P.186〈5 分鐘免揉麵包〉）吸滿醬汁精華，把盤底抹個精光！

材料

鮮蝦 18 ～ 20 尾（去頭去殼後淨重約 300 公克）
鹽 2 小撮
橄欖油 2 大匙
蒜頭 3 瓣，切細末
乾辣椒片 ¼ 小匙（或依喜好增減）
白酒 ⅓ 杯
無鹽奶油 30 公克
黃檸檬汁 1 小匙
黃檸檬皮屑 ½ 小匙
新鮮巴西里葉 1 又 ½ 小匙，切細末

作法及步驟

1. 將蝦子沖洗乾淨，去頭去殼（留下尾巴處的殼，方便用手抓著吃），拿一根牙籤從蝦頭後兩節蝦背處刺入挑掉腸泥，放進碗中和鹽輕輕抓醃至少 10 分鐘，靜置備用。

■ 蝦子頭部的前端非常尖銳，請小心不要被刺傷，也可以在處理前先用剪刀剪除。

2. 用大火預熱炒鍋、倒入 1 大匙油，待油溫升高後將蝦子一隻一隻放入鍋中平鋪一層，煎至兩面蝦肉都轉為粉紅，有些地方煎上金黃色，不需要到熟透，約 2 分鐘後夾起蝦子放進盤中備用。

■ 如果鍋子不夠大，請分 2 ～ 3 次分批煎，不要一次把鍋子塞滿，這樣蝦子會煎不出香氣來。

3. 再倒入另外 1 匙油進鍋內，放入蒜末和辣椒片翻拌炒香，至蒜末轉成淡金黃色，約 1 分鐘。如果火力太強，請把鍋子移離火爐，或把火力轉小，以免蒜末燒焦變苦。

4. 倒進白酒，以大火一邊煮，一邊拿鍋鏟把黏在鍋底的屑屑渣渣鏟起，煮至強烈的酒精味道蒸發殆盡，白酒濃縮成一半，約 2 ～ 3 分鐘。

5. 接著放入奶油，一邊晃動鍋子，一邊拿鍋鏟快速攪和奶油，直到奶油熔化，和白酒乳化成醬汁；轉中火，再倒進檸檬汁攪勻。

■ 晃動鍋子和快速攪和奶油的動作非常重要，這樣白酒和奶油才能充分乳化，不會變成油水分離的油膩醬底。

6. 將蝦子倒回鍋內，放入檸檬皮屑和巴西里翻拌均勻，嘗嘗醬汁夠不夠鹹，不夠鹹再加點鹽，起鍋即完成，趁熱享用！

天冷，捧碗熱湯在手心
——撫慰身心的營養湯品

用心燉煮，一碗熱湯的溫暖，就能暖入心坎裡。

076　托斯卡尼香腸白豆蔬菜湯

072　奶油咖哩全南瓜濃湯

068　法式洋蔥湯

064　萬用雞高湯

萬用雞高湯

　　説高湯是料理的基本應該沒有人會不同意，不過現在還願意自己在家慢慢熬煮高湯的人，可能不多了吧。超市架上的雞湯粉、雞湯塊、現成雞高湯一罐一罐的買來多方便哪！我們也曾經因為貪圖便利買來用過幾次。

　　這些市售現成品雖然不是什麼罪大惡極的東西，但是論入喉時的甘甜、湯體的濃稠程度，都絕對比不上自家從清水開始燉煮而成的高湯，甚至相差甚遠。自己熬煮的高湯，有雞肉帶來的鮮美，有雞皮和軟骨組織釋出的滿滿膠質，還有蔬菜注入的芬芳。所以如果問，花這麼多時間煮高湯值得嗎？我們會説：非常值得！

　　在歐美地區買全雞，比起買已經分割好的雞胸、雞腿等單一肉品要來得划算，所以我們常拿全雞來熬煮高湯，這樣高湯煮完就有雞肉可以享用。台灣要在肉攤上找到雞爪、雞脖子、雞翅膀這些膠質含量豐富的部位就容易多了，可以各個部位都買一些來取代全雞。

　　蔬菜用的則是法式高湯中必備的黃金三角：洋蔥、胡蘿蔔和芹菜，法文中稱這三項蔬菜的組合叫 Mirepoix，由於加入的量不多，煮成的高湯味道極為中性，和什麼菜系都可以搭配得宜。特別一説，洋蔥和胡蘿蔔的外皮其實營養富滋味，洗淨後可以不用削除，直接入鍋就好。

請記得，煮高湯時一開始注入鍋裡的水，千萬不可用熱水，而是最好用溫度偏低的冷水，這樣才能讓雞隻的風味在水溫緩緩升高的過程中，完整地釋放出來。熬煮高湯時也請不要加蓋，讓汁水在熬煮過程中蒸發一些，這是能讓高湯變得更加濃稠的小技巧。

　　煮高湯時，除了一開始轉大火煮至沸騰以外，其他時間一定都要保持小小微滾的狀態就好；如果讓湯面一直保持大火狂滾，最後湯頭不僅會因為雜質被攪得細碎而混濁，停留在舌尖上的氣味也會不佳，甚至微苦。不加鍋蓋的湯面溫度較低，可以幫助高湯在熬煮過程中保持微滾不噗鍋，是另外一個不扣上鍋蓋的好處。

材料

（約可做 8 ～ 10 杯雞高湯）

全雞 1 隻（約 2300 ～ 2500 公克，
或相同份量的綜合雞爪、雞翅、雞腿、
雞背骨、雞脖子等）
冷水，可以淹過整隻雞的量（約
3500 ～ 3800 毫升）
洋蔥 1 顆，洗淨不去皮，切 4 大塊
紅蘿蔔 1 根，洗淨不去皮，切大塊
芹菜 1 根，切大段
完整黑胡椒顆粒 ½ 小匙
新鮮巴西里 1 小把
新鮮迷迭香 1 枝
月桂葉 1 片

煮廚小提醒

可以先用棉繩把巴西里、迷迭香和月桂葉綁成香草束，之後方便取出。

作法及步驟

1. 將雞放入大鍋中（約 7.5 公升的大鍋），倒入冷水淹蓋過整隻雞，開大火煮至沸騰。

■ 雞皮與脂肪都能讓高湯更有味道，建議不要去除，可保留著一起入鍋。

2. 水滾後轉小火，用濾網撈除漂在表面的泡沫和浮渣。

3. 放入剩下的全部蔬菜和香料，全程維持小火燉煮，湯面微微滾、冒細小泡泡的狀態，不蓋鍋蓋。

■ 如果想要燉煮清爽的高湯，至少煮 1.5 ～ 2 小時；如果想要較濃郁的高湯，則至多 3 ～ 4 小時，過程中請隔一段時間就到鍋邊確認湯面是不是還維持小滾狀態，如果變大滾請立刻將火力轉小，另如有冒出新的浮渣也請撈除。

4. 先用夾子取出雞肉和大塊蔬菜，以免等下濾湯時噴濺燙傷。取一個大碗盆，架上濾網，濾網上再鋪一層比濾網更大的過濾棉布，抬起湯鍋，小心地慢慢將高湯經由濾網倒入碗盆裡，濾除雜質即完成。

5. 待高湯完全放涼，可以分裝冷藏 5 天，冷凍 3 個月。

■ 冷藏一夜的高湯，油脂會在湯面上凝結，如果想要清爽的高湯，隔天可以用湯匙挖起油脂，另放進乾淨的容器冷藏保存，日後拿來做菜使用。

法式洋蔥湯

　　洋蔥湯眾所皆知做起來非常耗時，顧起鍋來也極為耗神，一不留意就有可能把洋蔥全體炒個焦黑，整鍋湯便會瞬間陷入萬劫不復的苦味深淵裡，可說是惡名昭彰而且不好對付的一道料理。因此這裡介紹的，是把顧鍋時間縮減到最少，不需要太辛苦也能煮出一鍋好喝洋蔥湯的方法。

　　從前我們做洋蔥湯，總是好傻、好天真地在爐邊等待洋蔥軟化、出水、再慢慢上色至焦糖化，整個過程下來最少也要耗掉1、2個小時不說，還強迫獲獎得到因久站而腫脹的雙腿兩條，和攪拌到癱軟的手臂一隻。

　　現在的我們學聰明了，上半場洋蔥軟化和出水的過程，不再一路拌炒到底，而是全交由爐上的最小火或是烤箱來代勞，用小而慢的溫度緩緩逼洋蔥吐出水分。由於洋蔥釋出的汁水非常足夠，能夠確保洋蔥不在鍋裡一下子就燒焦，所以只要久久去翻拌一次就好，其他時間都可以放心拿去做自己的事，心曠神怡多了。

　　洋蔥出水以後，接著下半場的任務，是把洋蔥的水份炒至蒸發，並把洋蔥炒至焦糖化，這個步驟我們必須誠實地說，除了專心耐心地顧鍋，沒有其他捷徑可圖；不過好在前面洋蔥已經煮透軟化，接下來需要花在拌炒的時間就可以縮短很多。

炒焦糖化洋蔥，就是「把洋蔥平鋪→火轉大→等底部出現咖啡色薄層→加水響起『唰！』一聲→火轉小→刮起咖啡色焦香物」的重複動作，洋蔥會在這一次次平鋪和刮起之間，慢慢地逐漸上色。曾看過為了貪快加進小蘇打粉與砂糖的作法，這麼做確實對快速焦糖化有所幫助，但是湯喝起來也會有一股揮之不去的小蘇打氣味，況且洋蔥的自然甜味已經如此美妙，哪還有必要再另外加糖呢！

材料

無鹽奶油 75 公克

黃洋蔥共 1.5 公斤，去皮切絲

鹽 1 小匙

水適量

白酒 1 杯

萬用雞高湯 4 杯（作法請參考 P.64〈萬用雞高湯〉）

魚露 1 大匙

巴薩米克醋 1 小匙

百里香 2 枝

月桂葉 2 片

黑胡椒適量

5 分鐘免揉麵包數片（作法請參考 P.186〈5 分鐘免揉麵包〉）

蒜頭 1 顆，對半切

葛瑞爾起司（Gruyère Cheese）適量

作法及步驟

1. 以中大火預熱湯鍋、放入奶油，奶油熔化冒小泡泡後，加進洋蔥和鹽，翻炒至洋蔥變軟、釋放出水份，約 8 ～ 10 分鐘。

2. 接著轉至最小火力，蓋上鍋蓋慢慢煮 1.5 小時；或將整鍋洋蔥移入 180℃ 的烤箱中，烘烤 1.5 小時，讓洋蔥完全徹底軟化，體積縮小剩下⅓。

■ 慢煮過程中，每 40 ～ 50 分鐘開蓋翻拌洋蔥一次就可以了。

■ 用與鍋蓋可以緊緊密合的鍋子來做效果會比較好，如果鍋蓋不夠密合，可以拿一張鋁箔紙封住鍋口，再蓋上鍋蓋。

3. 待 1.5 小時以後拿開鍋蓋，轉中大火拌炒約 15 分鐘，讓洋蔥釋出的汁水完全收乾。

4. 看汁水收乾之後，接下來的 20 ～ 30 分鐘裡，要準備好 1 杯水在鍋邊，並專心顧鍋，一氣呵成將洋蔥炒至焦糖化：繼續維持中大火，將洋蔥平鋪一層在鍋底，約 2 ～ 3 分鐘後，看鍋底出現一片咖啡色的薄層時，立刻倒進 2 大匙水，同時把火力調小一點點，將鍋子底部、周圍的咖啡色渣渣全部用刮勺刮起、刮乾淨，此時如果覺得水不夠，可以再加一些；接著再把火力調大將水份煮乾，把洋蔥平鋪回鍋底一層，等待咖啡色薄層 2 ～ 3 分鐘後再次出現，然後繼續加水、刮起……這樣相同的循環步驟重複多次，直到洋蔥從微透明的乳白色，轉為深深的焦糖色為止。

5. 開中大火，倒進白酒拌炒約 2 ～ 3 分鐘，至酒精完全揮發；再加入雞高湯、魚露、巴薩米克醋、百里香和月桂葉攪勻，煮滾後火力轉小，讓洋蔥湯保持微微滾的狀態約 20 ～ 30 分鐘，使風味融合濃縮。關火以後試試味道，加入黑胡椒和鹽調整到喜歡的鹹度，取出百里香、月桂葉即完成。

■ 享用前，烤箱開啟上火（Broil）功能或調至最高溫，將洋蔥湯分別盛進小碗中，先拿蒜頭切面處在麵包片上抹一抹，再把麵包放上湯面、撒上起司，進烤箱上層烤 5 ～ 8 分鐘至起司熔化，取出開動！

奶油咖哩全南瓜濃湯

　　有沒有人和我們一樣，不是特別喜歡吃南瓜，可是卻超級熱愛喝南瓜濃湯的呢？一直覺得南瓜單吃的話稱不上特別可口，不過一旦被打成了濃湯，那熱熱稠稠香香的樣子，好喝得讓人可以一口接著一口，不管冬天還是夏至都會想來上一碗，好像南瓜天生下來，就該被打成濃湯來享用才對。

　　湯大致上可以分為單純清湯、可以吃到一些切塊湯料的、和濃湯這三大種類，澱粉含量豐富的南瓜當然最適合拿來做成濃湯了。我們心目中的南瓜濃湯，應該是濃到幾乎快要接近蔬菜泥，但又沒有蔬菜泥那麼難以下嚥，還能候溜一下從湯匙吸進口中，但又稠到可以扒在湯匙背上那種濃度的南瓜湯。哎呀！總之絕對不是有些餐廳為了節省開銷，喝起來清湯寡水的那一種。

　　做南瓜湯的時候，不少人遇到的第一個困擾，應該都是南瓜不太好切。其實外皮厚實堅硬的南瓜，才是代表果實有充分熟成，而且品質優良的南瓜；如果南瓜拿起來沒有沉重的感覺，按壓表皮還會凹陷塌軟的話，那可千萬別買。這時候人人家裡都有一台，而我們也從台灣扛著上飛機的──電鍋，就能幫上大忙了！先送南瓜進電鍋蒸個 10 分鐘，等外皮軟了以後再取出切塊，就可以省下不少力氣。

　　南瓜切塊以後，接下來請不要直接丟進鍋裡煮，南瓜湯要好喝

的一個重要步驟，是南瓜得要經過烤箱烘烤才行。當然直接用鍋子炒軟南瓜不是不行，只是南瓜烤後不僅有軟化的作用，還會因為水分被蒸烤殆盡，而讓南瓜的風味更加濃縮，甜度也能提高不少。

南瓜湯除了主角南瓜以外，我們還喜歡加進紅蘿蔔和蘋果同煮，除了可以吃進更多蔬果營養，也替湯增添香氣；而南瓜湯和咖哩粉特別搭配，咖哩粉似乎有引出南瓜甜味的神奇功能，加了咖哩粉的南瓜湯，就是屬於神等級的美味。另外南瓜最營養的外皮與籽我們都不去除，用強力果汁機攪打細碎至不見蹤影，就能喝到全營養的南瓜湯了。

材料

南瓜 1 顆（約 1200 ～ 1300 公克）
中型紅蘿蔔 2 根（共約 180 公克），外皮刷洗乾淨後切塊
蘋果 1 小顆（約 130 公克），外皮刷洗乾淨後去核、切塊
鹽 1 大匙（或依喜好增減）
黑胡椒 1 小匙（或依喜好增減）
油 2 大匙＋ 1 大匙
奶油 30 公克
黃洋蔥 1 顆（約 250 公克），切丁
蒜頭 2 瓣，切末
咖哩粉 ½ 小匙
月桂葉 1 片
新鮮百里香 5 枝
萬用雞高湯約 4 杯，或依喜好的濃稠程度增減
（作法請參考 P.64〈萬用雞高湯〉）
鮮奶油 1 杯（想要清爽一點的話，可用牛奶代替，或兩者混用）

煮廚小提醒

如果購入的南瓜甜度很高，蘋果可以省略不加。

作法及步驟

1. 烤箱預熱 220℃。

2. 將南瓜外皮刷洗乾淨後切塊，想要比較省力的話，可以先把南瓜放進電鍋裡蒸約 10 分鐘，至外皮稍微變軟，放涼後再來切塊就會比較容易。

3. 將南瓜、紅蘿蔔和蘋果塊放進大烤盤裡，撒上鹽、黑胡椒和 2 大匙油翻拌均勻後，單層平鋪不要重疊，進烤箱中層烤約 35 ～ 45 分鐘，至南瓜和紅蘿蔔變軟，用尖刀可以輕易穿透的程度。

4. 蔬菜烤好前約 8 ～ 10 分鐘時，取一個湯鍋用大火預熱，放入 1 大匙油和奶油，再倒進洋蔥拌炒至變軟，約 5 分鐘；接著下蒜頭拌炒散發出香味，約 1 ～ 2 分鐘；再放進咖哩粉、月桂葉和百里香全部炒勻，約 2 分鐘。

5. 接著倒進雞高湯，把南瓜、紅蘿蔔、蘋果塊從烤箱取出，小心放進鍋裡（烤盤裡如果有蔬菜烤出來的汁水，也要一起倒進鍋裡），全部攪勻後用大火煮至滾，煮滾後熄火，靜置稍微降溫，至可以倒進強力果汁機裡的溫度。

6. 將蔬菜和高湯小心地倒進強力果汁機裡，攪打至滑順綿密的濃湯後，再倒回鍋裡，加進鮮奶油或牛奶，一邊用中小火慢慢加熱，一邊攪拌均勻；這個時候如果覺得湯太濃，可以適量加入一點雞高湯或清水稀釋。將濃湯盛進碗裡後，在湯面淋上少許鮮奶油裝飾即完成。

托斯卡尼香腸白豆蔬菜湯

　　第一次認識這道湯，是在傑米・奧利佛（Jamie Oliver）一個叫「My Food Memories」的節目上。那一集請到了一位中年婦人當特別來賓，婦人說她 12 年前和男友（現在的丈夫）共赴義大利旅遊，在當地喝到了一道名為 Zuppa Toscana 的湯，覺得好喝的驚為天人，加上兩人又在那次旅行後決定互許終身，所以這碗湯對他們來說更加意義非凡。這麼多年過去了，她仍然對那碗湯念念不忘，於是傑米替他們循線找到了當時約會的小餐館，在節目裡複製出口味近乎相同的湯，只見婦人才喝了一口，就在鏡頭前流下感動的淚水。

　　當然，我們喝這湯時沒有流下兩行清淚，但是全心全意相信這碗蔬菜湯擁有讓人一喝陶醉的魅力，至少每次我們手心捧著熱湯，特別是零下低溫的冬天裡，都感到非常幸福。據說 Zuppa Toscana（Zuppa，「湯」的意思），是為了給遊客方便點餐才取的小名，這道湯的義大利正名，其實叫做 Ribollita。

　　義大利文 Ribollita，字面上的解釋為「再次煮沸（Reboiled）」之意，是一種源於義大利托斯卡尼地區的農夫料理。當時人們出於節省，會把前一天沒吃完的雜菜湯再拿出來複熱而食，為了讓湯看起來不至於太過寒酸，農人便在湯裡加進舊的乾麵包塊，好又可以煮出澎湃的一大鍋子來。

　　義大利有些餐廳的托斯卡尼蔬菜湯，聽說濃稠到不用湯碗來裝，而是用沙拉盤盛上桌的；還看過有人把濃稠的湯當成麵糊，舀進油

鍋裡煎成鹹味鬆餅來吃呢！只是我們沒有很喜歡麵包在湯裡煮得稀爛，變成麵包糊軟趴趴的樣子和口感，所以我們讓湯濃稠的方法，是將部分豆子先用叉子壓碎後再下鍋，豆子釋放出的澱粉同樣能起到讓湯喝來稠厚的作用。

既然是農夫料理，湯裡自然用的都是一些尋常、好取得的蔬菜，羽衣甘藍我們除了拿來做成烤箱脆片 (作法請參考 P.104〈辣味羽衣甘藍脆片〉)，最常做的就是這道湯了，連堅硬的葉梗也可以一起悶煮到好咀嚼的軟度。傳統作法裡當然也沒有肉的存在，但是我們愛吃肉，就放進切段的西式香腸，不同醃料的香腸還能給湯帶來不同的風味，這樣就成了一鍋有菜、有肉、有澱粉，有點奢豪的托斯卡尼蔬菜湯了。

材料

油 2 大匙
黃洋蔥 1 顆（約 250 公克），切丁
中型紅蘿蔔 2 根（共約 180 公克），外皮刷洗乾淨後切丁
蒜頭 4 瓣，切末
月桂葉 1 片
新鮮迷迭香 2～3 枝
西式香腸 2～3 根，切塊
紅番茄 2 大顆（共約 250 公克），切塊
羽衣甘藍（Kale）1 大把，切段
白腰豆（Cannellini Beans）罐頭 1 罐（約 425 公克），或其他任何種類的白豆
帕瑪森起司硬皮 1 塊（可省略，但可以的話最好別省）
萬用雞高湯約 5 杯（作法請參考 P.64〈萬用雞高湯〉）
鹽 1 小匙（或依喜好增減）
黑胡椒 ½ 小匙（或依喜好增減）

煮廚小提醒

如不用罐裝豆，也可以自行將乾豆泡水至少 8 小時或過夜後，煮熟使用。

作法及步驟

1. 取一個中型湯鍋，以中大火預熱後倒入油，放進洋蔥和紅蘿蔔丁翻炒至變軟、洋蔥轉為半透明狀，約 8～10 分鐘；接著把蔬菜撥到鍋子周圍，在中間空出來的地方補倒入一點油，放入蒜末快速炒約 30 秒炒出香氣，請特別留意不要炒焦了；再放進月桂葉和迷迭香，與蒜末、蔬菜全部拌炒均勻。

■ 這裡把蒜末和蔬菜分開炒，是因為炒軟蔬菜所需的時間較長，蒜末如果一開始就和蔬菜一起下鍋，可能會在蔬菜還沒有炒軟前就炒得過焦了。燒焦的蒜末有股揮之不去的苦味，會影響之後整鍋湯的氣味。

2. 將步驟 1. 的蔬菜再次撥到鍋邊，在鍋子中央放入香腸塊煎炒。不需將香腸完全煎熟、煎透，只要兩面有微微煎上色、煎出香氣就可以了。

3. 接著轉大火，放入番茄塊翻炒至軟化，可以用湯勺背面按壓番茄幫助釋放出番茄汁；接著加入羽衣甘藍拌炒一下。

4. 再倒進白豆（連同罐頭裡的所有汁水一起倒入）、帕瑪森起司硬皮（如有使用）和高湯，整鍋攪拌均勻。如果食材沒有完全被高湯覆蓋住，再另外倒入一些高湯或清水，直到淹過食材為止。

■ 如果想要湯喝起來濃稠一點，可以把 ½～⅔ 的豆子先用叉子搗碎後再加進鍋裡。

5. 放入鹽和黑胡椒，不蓋鍋蓋煮至滾，滾後轉小火，蓋上鍋蓋悶煮約 30 分鐘。

待 30 分鐘一到，嘗嘗看需不需要做鹹度調整；最後取出月桂葉、迷迭香梗和帕瑪森起司硬皮，即完成。

微涼的午後，靜靜燉鍋肉
——燉物是時間賦予的禮物

靜靜的燉一鍋肉，
以時間與耐心燉煮出最棒的佳餚。

098 波隆那番茄肉醬延伸——波隆那番茄肉醬麵：自製義大利麵

092 波隆那番茄肉醬

088 義式獵人番茄燉雞

082 烤箱紅酒燉牛肉——料理祕技：烤箱燉肉法

烤箱紅酒燉牛肉

料理祕技：烤箱燉肉法

　　紅酒燉牛肉，現在應該可以算是我們的拿手菜之一了！只要天氣稍稍轉涼，冬衣都還沒來得及換上，我們已經在去超市買牛肉回家燉的路上了。不過剛開始學做這道菜的時候其實並不是非常順利，甚至讓我們一度感到有點沮喪。

　　當時捧著食譜一個指令一個動作燒出來的燉肉，味道雖是不錯，卻不曉得什麼原因，每次鍋一揭開，肉全都變得像陳年化石一樣，堅硬得難以下嚥，可是明明就已經燉了好幾個小時了啊！這讓我們有好長一段時間都不敢再碰任何燉肉料理，就怕石化牛肉的悲劇再度上演。

　　好在，有一天讀到了傑米・奧利佛（Jamie Oliver）的燉牛肉食譜，才把我們從燉肉的地獄裡給解救出來。裡面讓我們覺得新鮮的地方有兩個：一是傑米捨棄從煎肉、炒香蔬菜到燉肉都在爐火上解決的一條龍作法，改以把整鍋肉放進烤箱慢燉；二是傑米不用鍋蓋，而以烘焙紙蓋來取代。

　　按照這個辦法做出來的燉肉，出乎意料地一次就成功！石化牛肉從此在廚房裡消聲匿跡，我們欣喜若狂之餘，便開始尋找烤箱燉肉法的相關資料。原來烤箱比起火爐，更能在長時間之下保持溫度穩定、一致，同時提供來自四面八方，而不是僅僅來自於鍋底的熱源，令加熱更為完整、全面。在恆溫狀態之下，鍋內的肉可以不疾

不徐地漸漸化軟，燉出柔嫩多汁的肉質；在汁水表層的肉則能在燉煮過程中繼續褐變反應，使得味道更加濃醇。

再來說說烘焙紙蓋，看過日式料理中使用的木製落蓋嗎？這兩者的概念其實相差不遠，都是以直接碰觸到食材的方式覆蓋於上，使燉物只被蓋住大部分，一小部分則暴露在外。使用鍋蓋時，悶煮產生的水蒸氣一段時間後會大量聚集在鍋蓋上，之後再不斷滴落回到食物裡頭，這會稍微阻礙燉肉的褐變反應與肉汁濃縮這兩項能讓燉物風味更上一層樓的重要條件。

但是如果不給燉物蓋上蓋子的話，汁水又會蒸發得太快，這時候烘焙紙蓋就非常好用，它蓋住大部分的湯汁使其不至於迅速蒸散，露出的部位則能讓燉肉有機會可以收汁、濃縮、上色，整鍋肉就在似開似合之間取得最佳平衡；如果再有烤箱完好的環繞式熱源加持，根本不需要費什麼勁，就能煮出醬汁厚醇但不混濁，肉塊豐潤但不油膩，一鍋近乎完美的燉肉。

煮廚小提醒

1. 不宜選太精瘦的肉來做燉肉，久燉之後會又柴又乾。我們習慣用價格親民脂肪又足的牛肩胛肉（Chuck Roast），也可以拿其他像是牛尾、牛小排等油脂和膠質豐富的部位來做。
2. 珍珠洋蔥看起來小巧可愛，吃起來甜度也高，很常拿來做紅酒燉牛肉用。以往只能買到罐頭醃漬品，近期台灣已經開始種植，運氣好的話可以在超市看到本地產珍珠洋蔥，或是美式大賣場有進口貨。如果買不到，可以用一顆洋蔥切塊代替。
3. 月桂葉和百里香先用棉布和棉繩包起來成香料袋，方便最後取出。

材料

牛肉 1 公斤，切成 2 ～ 3 大塊

鹽適量

黑胡椒適量

油 1 大匙

褐色蘑菇 400 公克，對半切

紅蘿蔔 4 ～ 5 根（共 500 公克），外皮洗
淨後切段

珍珠洋蔥 280 公克，去皮

黃洋蔥 1 顆，切丁

蒜頭 3 顆，去皮

紅酒 1 杯

雞高湯 4 杯（作法請參考 P.64〈萬用雞高
湯〉）

醬油 2 大匙

魚露 1 大匙

番茄膏（Tomato Paste）3 大匙

麵粉 2 大匙

月桂葉 2 片

百里香 5 枝

巴西里葉適量，切碎裝飾用（可省略）

作法及步驟

1. 牛肉兩面均勻撒上適量鹽和黑胡椒。以中大火預熱 1 只夠大的燉鍋，倒入 1 大匙油，放入牛肉，至兩面、側面都煎上了一層深棕色脆皮，約 10 ～ 15 分鐘，取出靜置於盤中備用。

■ 如果使用的燉鍋比較小，請分批 2 ～ 3 次把肉煎上色，千萬不要一股腦把鍋給塞滿，這麼做會使鍋內溫度瞬間降低，讓牛肉很難煎上色以外，還會猛出水。

2. 接著放蘑菇入鍋翻炒，至蘑菇釋出水份，表面炒上色；再放進紅蘿蔔和珍珠洋蔥續炒，至表面都炒上色，以適量鹽和黑胡椒調味，裝進碗中備用。

   這時候如果鍋裡的油不夠，再添點油；先放進洋蔥丁炒軟，再放入蒜頭拌炒散發出香味。

■ 炒香的過程中，如果火力過大，看鍋底焦黑的速度太快，請隨時調小火力。

3. 倒進紅酒，用刮勺把鍋底的碎屑全部刮起、刮乾淨，並讓酒水蒸發剩下約 ¾ 的量，約 3 分鐘。再倒入高湯、醬油、魚露和番茄膏攪勻，煮滾後關火。

4. 烤箱預熱 150℃。

5. 將步驟 1. 的牛肉切成約 5 公分的大塊，每塊表面再輕拍上薄薄一層麵粉。將牛肉（連同牛肉在盤中和碗中流出的汁水）、香料袋放入鍋中，開中大火煮滾後熄火；覆上烘焙紙蓋，整鍋牛肉移入烤箱中層，慢燉 1.5 小時。表面汁水在烤箱裡應該全程保持「微微滾、偶爾冒小泡泡」的狀態。

6. 待 1.5 小時後，燉鍋從烤箱取出，放入步驟 2. 的蘑菇、紅蘿蔔和珍珠洋蔥，再蓋上烘焙紙蓋，放回烤箱續燉 1.5 小時；最後 0.5 小時可以將烘焙紙蓋拿開，把烤箱溫度提高至 175℃，讓湯汁濃縮的速度加快。時間到，取出牛肉嚐嚐味道加鹽調味，並取出香料袋即完成，享用前撒上巴西里碎裝飾（如有用到的話）。

■ 蔬菜在後半段才放入，能避免因為久煮變得太過鬆散，這樣既不會失去蔬菜的口感，也不會讓醬汁布滿雜質。

烤箱燉肉法

烤箱長時間恆溫的特點，是燉肉可保有鮮嫩多汁的料理方法，
而烘焙紙蓋的作法有下列兩種：

作法 A

1

2

3

4

1. 裁一張比鍋子稍大的正方形烘焙培紙，對折、再對折。
2. 此時正方形有敞開和閉合各兩邊，將閉合的兩側對折碰觸在一起，變成一個三角形，接著再對折 1～2 次，成為一個細長的楔形。
3. 剪掉一點點尖端處的烘焙紙，再把尖端對準鍋子中央，把超出鍋沿的部分也剪掉。
4. 將烘焙紙攤開，大小剛好可以放進鍋中，即完成。

作法 B

1　　　　　　2

1. 裁一張比鍋子稍大的烘焙紙，一邊在水龍頭下用水浸濕，一邊揉捏成團。
2. 將揉捏的烘焙紙攤開，沿著鍋邊平放進鍋，即完成。
■ 這個隨便一揉的方法是和傑米學來的，非常有他隨性不羈的風格，是我們常常使用的偷懶版本。

義式獵人番茄燉雞

　　Cacciatora是義大利文「獵人」的意思，Chicken Cacciatora顧名思義就是獵人燉雞。義大利從前家家戶戶幾乎都有獵人，而當獵人帶著捕捉到的獵物回家以後，就拿家裡隨手可得的食材，像是橄欖油啊、蒜頭還有香草等，可能還不小心瞥見了架上一直沒喝完的白酒紅酒，於是索性全都拿來放進鍋裡「燉成一氣」。

　　有趣的是，由於人人都是獵人，做出來的燉雞基本上都被可以被稱做為獵人燉雞，所以長久下來，真正的獵人燉雞到底該長什麼模樣早已不可考。可以放進燉雞中的蔬菜組合更是百百種，像這裡放進番茄和洋蔥，就是偏美式的作法。

　　總之，這是一道沒有固定作法，而且沒有任何框架與限制的菜，我們提供給你的是一個可以隨心所欲變化的模板，日後你想要加進什麼，或想要它變成什麼樣子，它就能變成你的心中所想，與其說是獵人燉雞，更應該說是專屬於你的燉雞才對。

　　我們希望雞肉被燉得酥爛軟嫩的同時，還能保有一點金黃焦脆的外皮，所以在燉雞之前會花些時間把雞皮都耐心煎上色，金黃的雞皮同時也是整鍋燉雞的香氣基底。和常見的等待油熱後才放肉下鍋的作法不同，我們發現趁油還是冷的時候就把雞入鍋，雞皮中的油脂更能盡情地釋放出來，如此一來雞皮就能被煎得極薄、極脆；這樣的煎法還有一個好處，就算用的不是不沾鍋，像我們拿不鏽鋼平底鍋來煎，雞皮也不太會沾黏。

和其他動輒需要耗費幾小時的燉肉比起來，這道燉雞快的話只要 1 小時內就可以搞定，只要雞皮照顧好，雞肉滋潤好，接著丟進烤箱讓他們各司其職去，不用太久，就能有湯汁濃郁，如同煨了一下午的燉雞上桌，特別適合有點忙碌的週間時光。

材料

帶骨帶皮棒棒腿約 8 ～ 10 支（共 1500 公克）
鹽少量
黑胡椒適量
油 2 大匙
黃洋蔥 1 大顆，切細絲
蒜頭 6 瓣，切片
乾辣椒片 ½ 小匙
番茄膏（Tomato Paste）2 大匙
去核醃漬黑橄欖＋綠橄欖共 ¾ 杯（也可以只單獨使用 1 種橄欖）
酸豆（Capers）2 大匙
白酒 1 杯
楓糖漿 1 大匙
月桂葉 2 片
迷迭香 2 枝
巴西里葉適量，切碎
切成舟狀的黃檸檬適量

作法及步驟

1. 烤箱預熱 175℃。

2. 將雞腿均勻撒上少量鹽和黑胡椒。取一個足夠大，放入全部雞腿不會擁擠，且有點深度的煎鍋。開中大火、倒入油，提起鍋子轉一轉，讓油平均沾附一層在鍋底，趁油還是冷的時候就可以將雞腿入鍋，慢煎逼出雞皮中的油脂，偶爾翻面煎出金黃色的脆皮，約 10～15 分鐘。雞腿外皮煎上色以後，全部夾出放進盤中備用。

■ 煎雞腿的時候，請小心偶爾會有油脂噴濺，替雞翻面時可以戴上防熱手套以防被熱油燙到。

3. 此時如果鍋中剩下的雞油太多，請倒出一些留作他用，只需要留下約 1 大匙的油來炒香蔬菜即可。
   放入洋蔥拌炒，利用洋蔥釋出的水分，將鍋底剛才煎雞腿的褐色渣渣刮起，洋蔥炒軟後加入蒜片、辣椒片炒出香氣，再放進番茄膏炒開。

4. 接著加進橄欖、酸豆、白酒、楓糖漿、月桂葉、迷迭香攪勻，讓酒精完全揮發；再倒入 ½ 杯水，開中大火煮至滾；舀起一匙醬汁試一試味道，因為橄欖和酸豆都有鹹味，通常不太需要再另外加鹽。

5. 煮滾後，將步驟 2. 的雞腿（連同盤中的汁水）放回鍋中，彼此不要互相重疊。整鍋移入烤箱中層烤約 35～40 分鐘，中間可以打開烤箱 1、2 次，將醬汁用湯匙舀上雞肉表面幫助上色。

6. 烤至汁水稍微濃縮、雞肉用叉子一撥可以輕鬆與骨頭分離的程度，即可出爐完成。享用前撒上巴西里葉和淋上一點檸檬汁提味，可以搭配麵包、熱騰騰的白飯、蒸熟的馬鈴薯，或是下一把麵裹滿醬汁一起吃。

波隆那番茄肉醬

我們的番茄肉醬，是汲取了各方名家作法，一路嘗試調整出來的集大成配方。和小時候學校營養午餐常見的，用超市現成番茄醬當底，再加進肉末洋蔥蘑菇的速成肉醬完全不同；這兒是從慢炒蔬菜開始，接著要燉煮至少 3 小時的濃醇厚肉醬，吃過此醬的人都説好吃。

從前在荷蘭一起唸書的義大利朋友告訴我們，只要 Soffritto 一開始有耐心地好好準備，肉醬就已經成功了一大半。義大利文 Soffritto，是切成末的洋蔥、西洋芹與紅蘿蔔用小火慢炒的意思，之後能為肉醬帶來富有深度的厚味。我們拿培根取代橄欖油來炒 Soffritto，是一次看「料理東西軍」這個美食節目學來的，其中主廚解釋這裡培根的作用就和日式料理中柴魚片的作用類似，會替肉醬增添一抹鮮味與層次；加上培根的油脂豐厚，煸炒出來的油脂就已足夠炒 Soffritto 用，不需要再另外添油。

而有沒有在燉煮前先把絞肉煎上一層焦黃色，是影響肉醬風味的另外一個重要關鍵。東京知名餐廳主廚落合務特別提醒，絞肉一旦入鍋，就千萬別去翻動它，直到煎上色和汁水煮盡為止。這或許和我們很多人一直以來的習慣背道而馳，通常因為怕絞肉結成塊，所以一下鍋就急著要趕快攪散對吧？落合務主廚説這麼做可是引不出肉香味的，我們依循「肉煎上色、汁水煮盡才能翻動」的原則，做出來的肉醬香氣果然昇華了不少。

如果讀過一些知名廚師的食譜，例如義大利美食教父安東尼・卡路奇歐（Antonio Carluccio）和義式料理教母瑪契拉·賀桑（Marcella Hazan）等，會發現他們做肉醬時使用的都是罐頭番茄，而非新鮮番茄，這麼做的主要原因，是出於罐頭番茄通常是趁番茄剛採摘下來，還最新鮮時就速速封進罐裡，甜度和酸度皆處於最佳狀態，而且大多都已經去皮，使用起來非常方便。所以其實罐頭番茄未必比所謂的「新鮮」番茄不新鮮，反而由於不太受到非盛產期的影響，品質更加穩定，更能確保每次做出來的肉醬風味都維持在一定水平之上。

材料

黃洋蔥 1 小顆（約 200 公克）
紅蘿蔔 1 小根（約 80 公克）
西洋芹 1 小根（約 80 公克）
油適量
牛絞肉 400 公克
豬絞肉 200 公克
鹽 ½ 小匙
煙燻培根 2 條
紅酒 150 毫升
肉豆蔻粉（Nutmeg）½ 小匙
罐頭番茄糊（Tomato Puree）400 公克
罐頭碎番茄（Crushed Tomatoes）400 公克
蔬菜高湯或清水 ½ 杯
全脂牛奶 ½ 杯

煮廚小提醒

1. 牛絞肉和豬絞肉的用量比為2：1，也可以全部都用牛肉或豬肉。不宜用太瘦的絞肉來做肉醬，大約有20%的油花是最好的，有適量油脂的肉醬才會香。

2. 特別注意這裡不是切丁番茄罐頭（Diced Tomatoes），切丁番茄通常會添加氯化鈣以維持硬度和形狀，就算久燉也不容易爛。如果找不到碎番茄，可以買整粒去皮的番茄罐頭替代，回家用手大略捏碎後，再用濾網將番茄過篩成泥狀，或用食物調理機幫忙；還有個番茄汁不會噴得到處都是的好方法：把番茄放進密封夾鏈袋裡再壓碎。

作法及步驟

1. 將洋蔥去皮切塊、紅蘿蔔用毛刷洗淨外皮後切塊、西洋芹洗淨切段，全部放進食物調理機中攪打成細末狀；如果沒有食物調理機，也可以使用利刀來切，盡量切得愈細碎愈好，切好後裝進碗裡備用。

■ 為了不浪費紅蘿蔔外皮上的營養，我們通常拿毛刷在流水下刷淨紅蘿蔔表面塵土後就直接料理，剁碎加上久燉，在肉醬中幾乎感覺不到紅蘿蔔皮的存在，也不影響口感。如果介意的話，也可以削去外皮。

2. 取一個足夠大、放入全部絞肉不會擁擠的鍋，以大火預熱。待鍋子熱了以後，倒入一點油，用手輕抓起牛、豬絞肉，小塊小塊地放入鍋裡，鍋子如果預熱足夠，肉碰到鍋底的瞬間應該會發出滋滋聲。

3. 絞肉入鍋以後不要翻動，均勻撒上鹽，過一會兒會看到絞肉的水分被煮出來，依然不要去翻動它，保持大火煎煮。

   約 2～3 分鐘後，用鍋鏟翻起絞肉一角，查看底部有沒有煎上了一層焦黃色，有的話就可以將肉翻面，沒有的話先不要動它，繼續煎到有焦黃色後再翻面。待肉的兩面都煎出焦黃色，且汁水完全收乾，鍋內只剩下油脂的時候才關火，並將肉舀出備用。這時絞肉中間如果還有些粉紅色未熟的地方沒有關係，之後還要回鍋燉煮。

■ 整個煎肉的過程中，不要把絞肉撥散，要盡量讓肉塊保持完整，才好煎出焦香味來。

4. 接下來做 Soffritto。用廚房紙巾將鍋底稍微擦拭乾淨，培根切成小丁放入鍋中，以中火煸炒逼出油脂，培根煎成微脆。接著放進步驟 1. 的蔬菜末拌炒，炒至蔬菜變軟後轉小火；接著繼續炒至少 30 分鐘，中間偶爾翻拌幾次，至蔬菜體積縮小，幾乎成蔬菜泥的樣子。

5. 將步驟 3. 的絞肉塊放回鍋中，倒入紅酒。這時候開始撥鬆絞肉，可以用湯勺的背面幫忙，或像我們喜歡拿大叉子來按壓肉塊，可以使肉塊很容易散開成肉末。

■ 把酒精煮至完全揮發是步驟 5.的重點，要耐心煮約 10～15 分鐘，一定要看酒水全部收乾，鍋底幾乎乾燥的時候，才可以繼續下個步驟。

6. 加進肉豆蔻粉、番茄糊和碎番茄，翻攪一下；再倒進雞高湯和牛奶，融合均勻。接下來要開始慢燉，將火力調到最小，不蓋鍋蓋，燉煮約 2.5～3 小時。

　燉煮時只要全程維持小火，肉醬表面偶爾冒幾顆小泡泡的狀態，就不太需要一直在旁邊顧鍋，偶爾經過爐邊翻攪幾下就可以了。如果看肉醬煮乾得太快，請再適量加些雞高湯或牛奶拌勻。

■ 罐頭番茄大部分都已經有加鹽，所以此時先不需要把鹽下足，等肉醬完成後再試試味道，覺得不夠鹹再來調味就行了。

7. 待 3 個小時後，此時肉醬應該汁水收盡而變得非常濃稠，試試味道，如果不夠鹹再加點鹽即完成。完成後可以馬上享用，或是待降溫後，靜置冰箱一夜會更加入味。

波隆那番茄肉醬麵：
自製義大利麵

「義大利麵要好吃，麵條就得現做！」身邊的義大利朋友都這麼跟我們說。於是常會在狹小的宿舍廚房裡，撞見義大利籍同學在認真揮汗揉麵的背影，就算沒有擀麵機幫忙，他們還是可以只用一根簡單的擀麵棍就變出新鮮的義大利麵來，這或許就像我們對於滷肉飯或是牛肉麵也會有所堅持一樣。

目前為止認識的義大利友人們，對於該如何烹煮出最「正統」的義大利麵這件大事上，各自都有無法妥協的強硬原則，例如一定要這樣下麵、又該怎麼瀝麵，種種大小規矩讓我們在旁邊看得一頭霧水，心中難免嘀咕：不就是個義大利麵嗎？何必搞得這麼複雜……加上在義大利人的心目中，只有自己祖母的食譜才稱得上正統，其他人的作法一概不算數，所以我們從不自討沒趣在關公面前耍大刀，反正不管怎麼做，都很難從義大利人口中得到一句讚美；也因為如此，我們一直對自製義大利麵這件差事意興闌珊。

我們對於義大利麵的偏見，就在無意間收看了 Chiappa 姊妹的烹飪節目後，徹頭徹尾改觀！「The Chiappa Sisters」是三位於英國長大的義大利姊妹花，他們在節目中難得把製作義大利麵變得親民、變得容易。這裡的作法就是

我們看完 Chiappa 姊妹節目後的簡記，只要一根擀麵棍就可以做出新鮮的義大利麵條，配方我們試做過多回，覺得非常棒。

最基本的義大利麵條配方，為 100 公克的義大利 Tipo 00 號麵粉配上 1 顆全雞蛋，這樣約剛好是一個人的份量，很好記憶；更講究一點的，會在 00 號麵粉以外，混入一小部分由杜蘭小麥磨成的麥粉（Semolina）。如果和我們一樣，不想因為偶爾做個義大利麵而特地購入大包麵粉，可以拿家中比較常見的高筋麵粉來代替 00 號麵粉，效果也很好。不要害怕會被義大利人白眼，這是從《義大利美食精髓 Essentials of Classic Italian Cooking》這本書學來，有瑪契拉．賀桑（Marcella Hazan）撐腰的作法。

義大利人還對於什麼樣的麵，該配上什麼種類的醬汁同樣講究。以波隆那番茄肉醬來說，最適合搭配的是 Tagliatelle 這種扁寬麵，寬扁的麵體可以沾附上更多醬汁，不過我們覺得只要吃得開心，拿義大利細麵（Spaghetti）或蝴蝶麵（Farfelle）來搭配，也沒什麼不可以的。只要把基礎麵團作法記下，想變換出不同種類的麵條就是小事一椿了。

材料

（1 人份）

高筋麵粉或 00 號麵粉（100 公克）
雞蛋 1 顆

作法及步驟

1. 取一個碗，倒進麵粉、雞蛋，用手或叉子幫忙攪和均勻。
   桌面和雙手都撒上一些麵粉防沾（不要撒太多，太多麵粉很容易
   讓麵條變乾），從盆中倒出麵團至桌面上，將麵團用力搓揉至光
   滑有彈性、不再黏手為止，約 5 分鐘。

■ 由於每顆雞蛋的大小和麵粉濕度都會些微不同，如果看麵團太
   乾，再適度另外添一點水；如果麵團太濕，則再補進少量麵粉。

2. 將完成的麵團用保鮮膜緊緊包裹住，靜置室溫鬆弛 30 分鐘。

3. 待 30 分鐘到，將麵團從保鮮膜取出，先用手壓平麵團成像蔥油
   餅一樣，兩面都撒上一點麵粉防沾，再拿擀麵棍將麵團盡量擀到
   極薄，最好薄到手放在麵皮後，可以透過麵皮看到手的程度。

4. 最後再切割、整形成想要的麵條形狀，麵條如果沒有要馬上使用，
   可以靜置風乾後儲存。

組合波隆那番茄肉醬麵

1. 煮麵前，先將肉醬在鍋內預熱準備好。

2. 煮開一大鍋水，放入一大把鹽，將麵條下鍋。新鮮麵條會比乾燥
   麵條快熟，大約 10 ～ 20 秒就可以起鍋。

■ 這是向 Studio Kyu Kyu 創辦人萩本郡大（Kunihiro Hagimoto）
   學來的煮麵技巧。新鮮的義大利麵只需在鍋中快速煮一下即可，
   之後麵條在鍋內和肉醬拌攪的過程中還會繼續軟化。

3. 撈出麵條，放進肉醬的鍋裡，和肉醬攪拌融合均勻約 2 分鐘，讓
   麵條吸收醬汁和水氣；如果太乾，可以撈進一點煮麵水稀釋。盛
   盤後，撒上很多現刨帕瑪森起司即完成。

配角也值得好好對待
——這些蔬菜該怎麼料理

營養滿分，口感清甜，只要懂得烹調，
蔬菜也能一躍變成餐桌上的要角！

124 活用撇步：清蔬菜好幫手——義式烘蛋 Frittata

120 烘烤球莖茴香和帕瑪森起司

116 奶油蒜頭香草菇菇

112 炙烤糯米椒

108 脆烤培根孢子甘藍配巴薩米克醋

104 辣味羽衣甘藍脆片

辣味羽衣甘藍脆片

羽衣甘藍是好多年前我們移居國外時，初次接觸和認識的蔬菜之一。羽衣甘藍在當地是一年四季都有的常青蔬菜，除了葉片捲曲如羽毛的甘藍最常見以外，葉片紋路深刻、摸起來粗糙，和恐龍堅硬外皮極為神似而得名的恐龍羽衣甘藍（Dino Kale）也是市場常客，到了冬季，還會有整株暗紫色的羽衣甘藍短暫現身。

從前要在台灣實體商店買到羽衣甘藍幾乎是不可能的任務，直到最近因為礦物質、維生素、纖維含量都豐富爆表，而有「超級蔬菜」之稱的羽衣甘藍一躍成為明星食材，全民都瘋甘藍的潮流從歐美颳進台灣，在地小農也紛紛開始種起了羽衣甘藍，現在想要在網路或超市買著已經容易許多。

只是啊，羽衣甘藍在台灣似乎還未受到太多煮客的青睞，曾經看過店家削價促銷了個大半天，可憐兮兮的羽衣甘藍還是躺在架上乏人問津。別看西方人愛拿羽衣甘藍打成奶昔或拌成沙拉，就以為羽衣甘藍一副洋腔洋調的樣子難以親近，它其實非常適合我們亞洲人慣用的大火快炒，美國的鼎泰豐就有「蒜炒羽衣甘藍」這道菜。

羽衣甘藍厚實富嚼勁，吃來和芥藍有幾分相近，我們在國外買不到芥藍的時候，就常用羽衣甘藍代替入鍋，先細切硬梗與葉片，再下油和蒜片辣椒翻拌幾下，一端上桌立刻就有中菜熱炒的架勢。除了快炒，羽衣甘藍也適合入湯，或是烘烤成這裡介紹的蔬菜脆片。

煙燻紅椒粉、辣椒粉、蒜粉是我們喜歡使用的調味三角，想吃純粹原味的話，也可以簡單撒把鹽、添匙油就好。

羽衣甘藍要烤得酥脆，有幾個步驟需要留心。第一是葉片上的水分要愈少愈好，不管是用紙巾拭乾還是用沙拉脫水器脫乾，愈乾燥的甘藍葉才能烤得愈酥脆；第二是進烤箱時甘藍葉不要重疊擺放，盡可能讓葉片單層平鋪才能均勻烘烤；最後裝罐保存前要確認甘藍葉已經完全放涼再入罐，免得殘餘的熱氣把甘藍脆片悶得濕軟。

材料

羽衣甘藍 1 大把（約 250 公克）
油 1 大匙
蒜粉（Garlic Powder）1 小匙
煙燻紅椒粉（Smoked Paprika）1 小匙
卡宴辣椒粉（Cayenne Pepper）½ 小匙，或其他會辣的辣椒細粉
（可依嗜辣程度增減用量，不吃辣可省略）
鹽 ¼ 小匙

作法及步驟

1. 烤箱預熱 150℃。

2. 羽衣甘藍沖洗乾淨，用廚房紙巾或棉布把水分擦乾，擦得愈乾愈好。家裡如果有蔬果脫水器，可以先把羽衣甘藍放進籃裡脫水，再取出擦乾會更省時。

3. 一手抓住羽衣甘藍硬梗的尾端，另一手將葉片由下往上推（要使點力），把葉片從硬梗上剝除。剝下的葉片再撕成比一口略大的片狀，不要撕太小塊，因為葉片經烘烤後會縮水。

■ 剩下的菜梗，可以拿來打汁、快炒或是煮湯（作法請參考P.76〈托斯卡尼香腸白豆蔬菜湯〉）時用掉。

4. 羽衣甘藍葉放入烤盤裡，倒入橄欖油、撒上蒜粉、紅椒粉、辣椒粉和鹽，用手將羽衣甘藍葉充分按摩均勻，讓葉片的每個地方都沾裹上油和調料。

■ 羽衣甘藍葉有很多捲起的小縫隙，因此雙手在這裡比起筷子或長夾，是更好使用的攪拌工具，指尖能靈巧地把調料均勻按摩進葉子裡。

5. 將羽衣甘藍葉在烤盤內平鋪一層，不要重疊擺放，如果一個烤盤裝不下，請分成兩個烤盤來裝，或者分批烘烤。烤盤放入烤箱中層，烤約 15 ～ 20 分鐘，直到葉片轉脆即可完成出爐。有些面積較小的葉片會比大片葉子更早烤脆，中間可以提早取出，要避免烤過頭不然吃起來會苦。

■ 烤好的羽衣甘藍葉一定要完全放涼再裝罐，可以在氣密容器中保持脆口 1 ～ 2 天。

脆烤培根抱子甘藍配巴薩米克醋

　　抱子甘藍在歐美地區是很容易購得的蔬菜，尤其如果碰上冬季盛產期，在超市便是成堆成堆地賣，農夫市集更有還沒從粗莖上摘下的新鮮抱子甘藍群，每次經過總會忍不住抓個幾把回家。現在台灣也愈來愈常見到抱子甘藍了，學會怎麼挑選和料理它，家中餐桌從此就能多一種美好味道。

　　抱子甘藍和高麗菜、大白菜一樣是十字花科蔬菜，看看抱子甘藍是不是很像照了縮小燈的高麗菜呢？採選抱子甘藍和高麗菜的準則也相差不遠，請盡量選擇結球緊實豐滿、葉片翠綠沒有發黃的為佳，外層葉子泛黃的抱子甘藍大多已經不太新鮮。抱子甘藍的大或小並不影響口感，不過取個頭相近的抱子甘藍比較好讓全體在同一時間裡熟透，挑選時可以小小留意。

　　料理抱子甘藍，我們通常不是切絲炒就是剖半烤，這全是因為抱子甘藍帶有苦味，大火快炒和高溫快烤都能把大部分的苦味消除，甚至引出一點甜味，就是千千萬萬別把抱子甘藍丟進水裡煮或拿來蒸，這樣只會把苦味無限放大到難以下嚥。切半烤因為準備起來快速、不太需要費力顧爐，是我們最常採用的抱子甘藍作法。

　　不論炒或烤，培根和抱子甘藍都是絕配，就像蚵仔和麵線，好像天生就該送作堆，培根遇熱後流溢出的滿滿豬油脂香，能讓抱子甘藍入口變得更加飽滿。由於培根多是用鹽醃製後食用，各家品牌的培根

鹹度也不盡相同，因此建議一開始先從 ¼ 小匙的鹽開始加就好，出爐後如果覺得不夠鹹，可再添幾撮鹽巴調味，這樣比較好抓到合適的鹹度。

　　烤好的孢子甘藍，直接吃就非常好吃，但是如果可以淋點優質的巴薩米克醋在上頭，那就是另外一個檔次的美味。這道菜非得用質地濃稠如蜜的巴薩米克醋才會好吃，如果手邊沒有，可以用普通的巴薩米克醋在爐上用大火煮至濃稠，或是拿少量的楓糖或蜂蜜來取代，效果也不錯。

材料

抱子甘藍 300 公克（中型抱子甘藍約 15 ～ 18 球）
培根 3 ～ 4 條，切小段
油 1 大匙
鹽 ¼ 小匙，再加 2 ～ 3 小撮
黑胡椒 ¼ 小匙
質地濃稠、富有甜味的巴薩米克醋 ½ 大匙（可以楓糖或蜂蜜 ½ 小匙代替）
（自製濃縮巴薩米克醋，作法請參考 P.34〈下廚時的得力助手：其他常備的調味品〉）

作法及步驟

1. 烤箱預熱 200℃。

2. 先切除抱子甘藍根部，再從中心縱切成兩半。切半時如果有些掉落的零碎葉片，也請一起放進烤箱烤，單片的葉片更容易烤脆。

3. 取一個烤盤或是可以進烤箱的平底鍋，放進抱子甘藍和掉落的葉片、培根、油、鹽、黑胡椒拌勻，不重疊地單層平鋪好。

4. 進烤箱中層烤約 15 ～ 20 分鐘，烤到中間時翻攪一次讓每面都能烤勻，烤至抱子甘藍表面變脆、有些微焦上色、中心變軟，同時培根也烤脆了即可出爐。

5. 出爐後試試鹹度、不夠鹹再撒幾撮鹽做調整，最後淋上巴薩米克醋（或楓糖、蜂蜜）拌勻，即完成。

炙烤糯米椒

　　烤日式小甜椒（Shishito Peppers）很常在美國餐館中現身，通常作為前菜或配菜，酒吧則多拿來當下酒菜。

　　日式小甜椒若在台灣不易買到，可以換用市場常見的糯米椒來做這道菜。除了擔任配角和小魚乾、鹹豬肉同炒外，獨當一面的糯米椒其實非常可口，而且作法簡易的驚人。

　　購買時，請揀選身形翠綠堅挺，椒身與蒂頭皆無軟爛發黑的糯米椒為好。料理前在清水下沖洗幾回，不用去頭、去尾、去籽，以糯米椒原本的模樣下鍋即可。享用時以手拎起蒂頭入口，糯米椒除了蒂頭之外，整隻都能下肚。

　　烤糯米椒的訣竅有二，一是高溫，二是料理時間愈短愈好，如果烹調溫度太低、料理時間過長，會讓糯米椒還來不及烤上色就變得過軟，香味既無法盡出也失了口感。

　　因此將糯米椒平鋪在烤盤上前，得先用高溫把烤盤烤得炙熱，讓糯米椒遇到烤盤的瞬間發出「嘶嘶——」聲響；連同烤箱上方熱源，上下同時夾攻的高溫能讓糯米椒在短時間內烤出美麗的褐色焦痕。這個步驟和在爐上用平底鍋乾煸的概念相似，全程不添一滴水與油，僅靠熱度引出糯米椒的蔬菜甜香。用烤箱取代爐火的好處除了不需顧爐，也不會因為糯米椒中的水分遇熱蒸散，搞得滿室生煙。

家中烤箱如果有分上、下火源，烤糯米椒時只要開啟上方炙烤（Broil）功能就行，並把烤架移至最上層，讓糯米椒愈靠近熱源愈好，焦痕才容易烤得漂亮，糯米椒的清甜滋味也才會明顯。

出爐後趁糯米椒還溫熱之際灑上鹽與油拌均，讓每一根糯米椒都光滑油亮，擠上一點點的檸檬汁解膩提味，最後刨上的帕瑪森起司則提供畫龍點睛的鮮味。這是一道結合了脆鹽、豐富油脂和微焦氣味的可口小菜。

材料

糯米椒約 220 公克
油或熔化奶油 1 小匙
鹽⅛小匙
檸檬汁 ¼ 小匙或適量
現刨帕瑪森起司適量

作法及步驟

1. 將烤架移至烤箱最上層靠近熱源處，烤盤放置烤架上方，烤箱以 250℃ 預熱，或開啟上方炙烤功能。（烤箱溫度如果沒有到 250℃，就開到烤箱的最高溫度）

■ 試試滴一滴水至烤盤上，如果立刻蒸發，就代表烤盤已預熱足夠了。

2. 小心取出預熱好的烤盤，將糯米椒不重疊、單層平鋪放進烤盤，再把烤盤放回烤箱。

3. 糯米椒放進烤盤後先不要翻動，給糯米椒 2～3 分鐘的時間上色，直到一面有焦痕以後再翻面。接著每隔 2～3 分鐘翻面一次，盡量讓糯米椒每一面都有微焦烤痕，總共烤約 6～8 分鐘。

4. 糯米椒烤好後倒進大盤中，趁熱和油、鹽、檸檬汁攪拌均勻，最後撒上帕瑪森起司即完成，趁熱享用最好吃。

奶油蒜頭香草菇菇

　　這是我們家最常見的吃菇方法，將菇菇全體手撕或刀切，用焦化奶油、蒜末和新鮮香草炒香，不用一下子，香氣撩人的鮮菇總匯就能出鍋。這道菜能熱熱吃也能常溫吃，更可以一次做多一點放進冰箱保存做為常備菜；取一些放在烤得酥脆的厚片麵包上頭，就成時髦的開放式三明治（Open-Face Sandwich）。

　　用橄欖油、蒜頭和巴西里炒香食材的作法，在義式料理中稱為 Trifolati，而我們覺得以奶油取代橄欖油，特別是富有濃郁堅果香氣的焦化奶油，炒出來的菇菇效果更甚。焦化奶油是這道菜的香味來源之一，奶油千萬不能放得吝嗇，菇菇如果沒有吸收足夠的油脂，吃起來就會澀口。

　　煮焦化奶油時一定要專心顧鍋，因為奶油從「焦化」到「燒焦」的變化往往只是幾十秒之間的事。為了能夠清楚觀察奶油的顏色變化，做這道菜時請拿淺色底的鍋來做，不要用深色鍋底的鍋子，如黑面不沾鍋或鑄鐵鍋。

　　這道菜的香味來源之二，是煎得金黃微焦的菇。因此把菇菇中大量水分炒至蒸發後，單層平鋪在鍋內維持一陣子不要翻動，讓菇菇有充分時間和鍋底接觸是非常重要的步驟。加入的蒜末、香草與白酒則是香味來源三。

　　購入菇菇時，請揀選菇體結實、菌傘表面沒有色斑、根部沒有過乾破裂、黏稠發軟的菇；菌傘下方的菌褶通常

會比其他部位腐壞得要快，可以作為新鮮與否的指標之一。如果菇菇非常新鮮，那麼根部也會柔軟多汁不需去除，整株都可食。

　　至於菇類到底能不能以水清洗呢？根據《On Food and Cooking》和《The Food Lab》這兩本在飲食界享譽盛名的書中說法，由於菇類本來就含有 80% 的水分，所以只要不是長時間浸泡，在水龍頭底下快速沖洗、且沖洗後盡快入鍋料理，是幾乎不會影響菇菇風味的。所以啊，別再因為嫌用濕布替菇菇一朵朵擦拭清潔麻煩，而懶得買菇煮菇了，這可是錯過了人間旨味而不自知啊！

材料

杏鮑菇 4 朵（約 280 公克）
香菇 4 朵（約 60 公克）
蘑菇 5 朵（約 120 公克）
鴻禧菇 1 包（約 140 公克）
無鹽奶油 3 大匙（45 公克）
蒜頭 4 瓣，切末
白酒 2 大匙
新鮮巴西里 1 小把（或其他喜歡的香草），切碎
鹽 1 小匙
黑胡椒適量

煮廚小提醒

可任意選用其他種類的綜合鮮菇共約600公克，用多種類的菇能取其不同香味和口感，也可以都用同一種類的菇。

作法及步驟

1. 將所有菇在流動的水龍頭下快速沖洗，放進瀝籃中上下擺動幾次瀝除水分。緊接著處理菇：將蘑菇切厚片（菇遇熱會出水縮小，切厚片較能保留口感）、杏鮑菇或香菇等較大朵的菇可用手掰成易入口的大小、鴻禧菇或白玉菇則撥開成方便吃的小朵。

2. 取一個足夠大、能讓所有菇菇單層平放不過於擁擠的炒鍋，放入奶油。開中火將奶油熔化後，繼續維持中火，加熱至奶油從黃白色轉成焦糖色、散發出堅果香氣，大約 2 ～ 3 分鐘，此步驟請全程專注顧鍋。

3. 接著倒入鮮菇，此時轉大火，快速翻炒讓所有菇菇都沾裹上油脂，接下來耐心等待菇菇們炒出水分，中間偶爾翻炒一下。

4. 看釋出的汁水差不多收乾時，改轉中大火，將菇撥鬆、單層平鋪鍋內，並維持一陣子不要翻動，讓菇菇們有充分時間和鍋底接觸，煎成金黃微焦。

5. 菇菇們都煎上色後，放入蒜末快速拌炒一下至散發出香味，接著倒入白酒，利用酒汁將所有黏在鍋底的菇菇碎屑用鍋鏟鏟起，再撒入香草、鹽和黑胡椒調味快速拌炒，起鍋即完成。

- 炒蔬菜時為了讓蔬菜能快一點排出水分以利軟化，通常會在蔬菜一入鍋時就添鹽。炒菇時則建議待菇菇們都排出水分、並煎上金黃色澤時再加鹽，這樣才能把鮮味鎖在菇身裡面。

烘烤球莖茴香和
帕瑪森起司

很多人可能對球莖茴香感到陌生，不過如果說到常吃的茴香豬肉水餃，又會覺得有點熟悉；茴香豬肉水餃裡用的茴香，是在市場裡較常見的茴香綠葉，梗細而長，下面沒有膨起的頭，算是球莖茴香的近親。茴香籽在我們的生活中就更常用到了，中式料理不可或缺的五香粉、Pizza 上放的意式香腸裡也有。

球莖茴香（Fennel Bulb）又稱佛羅倫斯茴香（Florence Fennel），我們常笑它長得像從外星誤闖地球的生物，有一顆膨膨鼓起的大頭，還頂著一把狂放不羈的爆炸髮絲，看起來有點滑稽；西式料理中常拿它來代替洋蔥使用。加州本地種植的球莖茴香幾乎一年四季都有，台灣小農也有種植，在盛產的秋冬季節應該可以在市集或傳統市場看見它的芳跡。

要分辨球莖茴香新不新鮮非常容易，看外表潔白中和點淺綠且沒有異色，球莖一層一層包得很緊實且拿起來沉，硬梗上的細針葉充滿朝氣且呈鮮綠色，就是好的球莖茴香；如果看葉片邊緣已經轉為褐色，那就代表已過了最新鮮的時候。球莖茴香一旦切開，就會氧化發黃得快，所以等要開始料理前再下刀，且不耐長久儲藏，最好趁新鮮時盡快吃下肚。

球莖茴香看起來像顆頭的地方實際上是葉，葉鞘基部肥厚且互相合抱成球形的樣子，大部分時候只拿這個部位來料理，所以在市

場上大多賣的就是這顆球狀的頭。如果很幸運可以買到整株完整，還未剃髮前的球莖茴香，其實從頭到尾都可以拿來使用。

　　球莖茴香的硬梗長得有點像西洋芹，中間空心，外皮堅硬，如果沒有耐心一根根地把硬皮削去，整株直接丟進鍋裡熬成高湯，或是煮進雞湯裡去除肉腥味都是很好的用法。細針葉則把它當成香草一樣來使用就行了，拿來點綴菜餚增色，或是像我們一樣將全體切細碎以後煎蛋。

　　球莖的部分則常見切成細絲，和柑橘或海鮮搭配成沙拉生食，享受清脆口感。不過茴香生吃時八角味明顯，也有人說像甘草糖（Liquorice）的味道，如果不太能接受，那就可以像這裡一樣，送進烤箱裡烤。烤後的茴香除了八角味減弱以外，甜度會更加提升明顯，和鹹味的帕瑪森起司一起，就是甜甜鹹鹹，很好和肉排或魚排一起吃的配菜。

材料

球莖茴香 3 顆（共約 900 ～ 1000 公克）
鹽 ¼ 小匙（或隨喜好增減）
黑胡椒 1 大匙
油 2 大匙
現刨帕瑪森起司 ¼ 杯
茴香葉約 1 大匙

作法及步驟

1. 烤箱預熱 190℃。
2. 將球莖茴香清洗乾淨，切除上方粗梗，根部也切掉不用，剝除最外層硬皮。粗梗先別急著丟掉，等下會用到梗上的細葉。
3. 將茴香切成片，每片約 1 公分厚，不要切太薄，烤後體積會縮。取一個夠大的烤盤，鋪上一層烘焙紙或抹一層油防沾；再將茴香片平鋪在烤盤上一層不要重疊，均勻撒上鹽、黑胡椒、油和現刨帕瑪森起司。
- 盡量讓每一片茴香切片都能碰觸到烤盤底部，才能烤得脆，而不是悶蒸。
4. 進烤箱中層烤約 35 ～ 45 分鐘，烤至 20 分鐘時將烤盤轉個面，可以幫助烤得更均勻。烤至茴香可以用叉子輕易穿透的軟度，表面的帕瑪森起司烤成一層金黃即可出爐，撒上切碎的茴香細葉後即完成。

義式烘蛋 Frittata

　　冰箱常會發生這裡剩下半顆洋蔥、幾根蘆筍，那裡還有用不完的香草 1 把、蘑菇 2、3 朵的情況吧？這時候我們就會把它們通通烤香做成烘蛋，一次除之而後快。

　　義式烘蛋和日式玉子燒的概念有些類似，幾乎什麼都可以包，什麼都不奇怪，煮熟的剩菜只要在鍋中加熱一下就可以使用，義大利人還會把吃不完的義大利麵拿來做成烘蛋哩！如果把蔬菜、蛋液倒進伏特加派皮（作法請參考 P.234〈極上酥鬆伏特加派皮〉）裡一起烘烤，就是法式鹹派 Quiche 了。

材料

綜合蔬菜約 4 ～ 5 杯
（例如洋蔥、蘑菇、甜椒、蘆筍、櫛瓜等，或有用不完的培根、香腸或碎肉也可以加進來）
油 2 大匙

鹽 1 小匙＋ 1 小匙
黑胡椒 ½ 小匙
雞蛋 12 顆
全脂牛奶 ½ 杯
現刨帕瑪森起司 ¼ 杯
任何新鮮香草 ¼ 杯
無鹽奶油 15 公克

作法及步驟

1. 烤箱預熱 220℃。
2. 將所有蔬菜切成差不多的一口大小，烤盤裡放入蔬菜、油、1 小匙鹽和黑胡椒翻拌，蔬菜在烤盤裡平鋪一層、盡量不要互相重疊，進烤箱中層烤約 15 ～ 18 分鐘，至蔬菜烤熟烤透、體積縮小後取出。

■ 蔬菜與蛋汁融合前要先充分烤熟（特別是會出水的蔬菜，更要確認有烤透、烤熟），這是做出香氣四溢的烘蛋一個很重要的步驟。蔬菜烤前與烤後的體積和色澤都完全不同，烤後脫水的蔬菜風味不僅更加濃郁，烤上色的蔬菜也是烘蛋重要的風味來源。

3. 取出烤蔬後，烤箱溫度調降至 180℃。
4. 取一個容易攪拌的大碗盆，放進雞蛋、1 小匙鹽、牛奶、起司和香草攪打均勻。

5. 拿一個可以放進烤箱的平底鍋，以中大火預熱，放入奶油；等奶油熔化冒泡泡時，將步驟 2. 的烤蔬菜均勻地攤平在鍋底，接著倒入步驟 4. 的奶蛋液，蛋液進鍋以後就別攪動它，免得一不小心變成炒蛋。

■ 我們用 10 吋平底鍋來配 12 顆雞蛋的奶蛋液，這樣烤出來的烘蛋厚薄度剛剛好。如果用大一點的鍋來做也行，烘蛋成品就會薄一些，進烤箱烘烤的時間也要跟著縮短。

6. 煎約 2 ～ 3 分鐘後，看蛋汁邊緣凝固，就可以移至烤箱中層烘烤。

7. 大約烤 15 ～ 20 分鐘（依烘蛋的厚度而定）後，烤至烘蛋的表面凝固、膨起、烤上一層金黃色，按壓如海綿一樣柔軟有彈性即完成。

煮廚小點子

烘蛋冷熱皆宜，常溫吃也好，當成早、午、晚餐都行；因為攜帶方便，也可以拿來作為野餐小食或是常溫便當菜。

封存美好，賞味延長
——果醬、醃製和油漬

將食材的甜美濃縮、鮮味提升，
延長保存，時時都能拿出來品嘗、回味。

150　油漬烤蒜頭

146　油封香草小番茄

140　辣味香料醃漬櫛瓜

134　德式酸菜

130　奇亞籽草莓果醬

奇亞籽草莓果醬

　　大部分的市售草莓果醬對我們來說，都實在太甜了。傳統草莓果醬製作時總得撒進大把砂糖，這麼做除了販售口味上的考量外，還因為糖是「稠化」果醬過程中的重要角色，久煮後的草莓汁水與糖結合，才容易轉化成「醬」。

　　不過自從發現奇亞籽能夠取代砂糖稠化果醬的工作後，我們就再也沒買過市售果醬了。奇亞籽乍看之下像一顆顆灰白色的芝麻粒，遇濕後則會拚命吸收水分，不用幾分鐘即鼓脹成小粉圓般滑溜、釋出滿滿膠質。而這膠質，正是做果醬的好幫手。

　　不同於傳統果醬需要小火慢煮等待稠化，奇亞籽果醬煮水果的主要目的則是幫助水果軟化、釋放汁水，好讓奇亞籽入鍋後有足夠的果汁可以吸收，然後成醬。草莓加熱出水的過程大概只要 5～10 分鐘，比製作傳統果醬更加省時省力，只要學會了這個做果醬的方法，幾乎所有種類的果醬都能如法炮製。

　　因為不用再遷就砂糖用量，熬煮果醬時也多了使用蜂蜜、楓糖等其他甜味提料的選擇，更能依照每批購入的草莓甜度來自由決定投入的糖量。很多時候 2、3 大匙蜂蜜或楓糖就已經非常足夠。還能嘗到草莓原有的微微酸香，而非一股勁地死甜，才是我們心目中的滿分果醬。

　　比例上，2 杯草莓大約配上 2 大匙奇亞籽，就能顯現出果醬的黏稠質地，如果想要果醬更加濃稠的話，奇亞籽可以再 1 小匙 1 小

匙的慢慢添。通常稀一點的果醬我們拿來淋在希臘酸酪上、攪進沁涼的氣泡水中做成天然加味汽水；稠一些的果醬則用來烘焙時和入麵團裡、夾進餅乾間，舀一匙就著切塊起司入口也非常對味。在烘烤酥脆的厚片吐司上先抹層鹹味花生醬或有鹽奶油，再塗上厚厚一層草莓果醬趁熱啃下是我們鍾愛的吃法，喜歡鹹甜交融滋味的你也請試試。

準備

消毒乾淨且乾燥的氣密玻璃瓶 1 只（容量約 300 ～ 350 毫升）

材料

新鮮草莓 2 杯
楓糖漿或蜂蜜 1 ～ 3 大匙（視草莓甜度增減）
現擠黃檸檬汁 1 ～ 2 大匙（依個人口味喜好增減）
奇亞籽（Chia Seeds）2 大匙

作法及步驟

1. 草莓洗淨後，去掉蒂頭切成小塊。
2. 草莓放進小湯鍋裡，在爐上開中火煮至冒泡，再轉小火煮約 5 ～ 10 分鐘，讓草莓充分釋放出水分，煮的過程中記得不時攪拌以防鍋底燒焦。如果喜歡果粒明顯的果醬，輕輕攪拌就好；想要滑順一點的果醬，可以用湯杓背面將草莓塊壓碎。
3. 草莓離火後，依口味喜好加進適量楓糖漿、檸檬汁（邊試味道邊調整），最後再倒入奇亞籽充分拌勻。靜置 5 分鐘讓奇亞籽吸飽果汁後膨脹，這時看看對果醬濃稠度是否滿意，如果想要更濃稠一點，可以再加入 1 小匙奇亞籽拌勻。
4. 待草莓果醬完全放涼後，裝進密封罐裡即完成。
■ 草莓果醬可以冷藏保存 2 個星期，冷凍保存 3 個月。

德式酸菜

　　會開始自己做德式酸菜的理由，說出來大家可能會想笑。有一年加州冬天奇冷無比，人在異鄉的低溫摧殘之下，實在想吃酸菜白肉鍋想吃的不得了，日也想夜也想，於是突發奇想，把在超市天天都見得到的德式酸菜（Sauerkraut）買回家，試著和薄切豬肉片、蛤蜊同煮，煮出來的味道竟然和記憶中的酸菜白肉鍋近八成像！

　　從此之後，便開始了我們的德式酸菜自製之路，只要不小心買到了又硬又難吃的高麗菜，就通通拿來切絲做成德式酸菜。和清脆甜美的台灣高麗菜不同，美洲品種的高麗菜既韌又澀，要買到不好吃的機率非常高，於是家裡不知不覺就堆起了一罐又一罐的德式酸菜。常笑說我們家雖然沒有養狗狗貓貓，但養著一瓶瓶像寵物一樣的酸菜寶寶，哈！

　　發酵是古老又簡單的保存食物方法之一，不需要任何烹煮技巧，只要手邊有鹽和高麗菜，就可以自己做德式酸菜了，通常耐心等候幾天，就能收成一大罐子非常有成就感，特別適合對發酵料理躍躍欲試的新手們。德國料理中常用的葛縷子（Caraway Seeds）可加可不加，或是加進其他像是茴香籽、芥末籽等香料，拿紫高麗菜來做也行，可以盡情發揮創意做口味上的變化。

　　只要下的鹽分不多不少、並讓高麗菜保持被鹽水覆蓋，想要把酸菜做失敗是很難的。為了確保所有高麗菜絲都有被鹽水淹過（接觸到空氣的高麗菜絲無法發酵完全，也容易滋生壞細菌），除了上

方要拿重物壓著，我們還會在放重物前先鋪上一片高麗菜葉，這樣能更有效地防止表層菜絲漂出鹽水表面。

　　自己做德式酸菜的好處，便是酸度和脆度都可以發酵到喜歡的樣子。我們常拿它來搭配油脂豐富、味道厚重的肉品，像是豬腳、香腸等做解膩之用，也可以夾進漢堡、熱狗堡和三明治增加口感，或偶爾入鍋與肉一起燉煮，和培根、蘋果塊一塊悶炒，就是一道很好吃的配菜。

準備

消毒乾淨且乾燥的氣密玻璃瓶 1 只（容量約 1200 ～ 1300 毫升）
石頭、或能放進氣密瓶裡的小玻璃罐等重物
綿布 1 塊

煮廚小提醒

1. 氣密玻璃瓶，建議用容量大一點的罐子來做，瓶身裝進高麗菜絲後還有¼～⅓的留白空間為佳，才有足夠空間放入重物，之後發酵的汁水也比較不容易溢出（高麗菜絲和鹽搓揉後會出水，發酵過程中也會持續出水）。
   另外最好用窄高，且瓶口不要太寬的瓶子來發酵。一來比較好讓高麗菜保持在鹽水之下，二來能減少與空氣的接觸。
2. 準備棉布，是因為酸菜在發酵時會產生氣體，用棉布蓋著瓶口能讓氣體有縫隙排出，同時也能阻擋灰塵和小蟲。

材料

高麗菜 1 顆（去芯後重量約 1000 公克）
鹽 20 公克（鹽的用量為高麗菜重量的 2%）
葛縷子（Caraway Seeds）或其他香料 1 小匙（可省略）

作法及步驟

1. 整顆高麗菜用利刀對半剖開，切除不需要的硬芯，最外面一層葉片如果有損壞，也剝除丟棄；另外剝下一片完好的葉片備用。
2. 將高麗菜切細絲，取一個足夠大的攪拌盆，放進高麗菜絲和鹽，用手按摩抓醃，想像在揉麵團一樣，可以粗魯一點沒關係，用力將鹽搓揉捏進高麗菜裡，讓鹽分布均勻；中間穿插兩手握拳使勁向下槌打幾次，可以幫助高麗菜更快排出水分；靜置 15 分鐘。

■ 做發酵品時，我們通常剝除外面的葉片後，裡面的葉片不沖洗就直接拿來料理了，原因是只要發酵完全，壞菌在無接觸空氣的狀態下是沒有機會作怪的。如果還是不放心，可以用乾淨的飲用水將高麗菜絲快速沖洗一下，並盡量把水分瀝乾。

3. 待 15 分鐘後，雙手翻拌揉捏高麗菜絲一下，再次靜置 15 分鐘，接著加進葛縷子或其他香料拌勻（如有用）。
4. 待 30 分鐘一到，將高麗菜絲放進玻璃瓶裡，一邊放一邊用力將高麗菜往瓶底壓緊壓實，盡量把高麗菜的水分擠壓出來；攪拌盆裡有剩下的鹽水，也全都倒進玻璃瓶中。最後鹽水的高度應該要超過高麗菜絲，所有高麗菜絲應該都要被鹽水蓋過。

■ 如果有和鹽好好攪拌搓揉，高麗菜自己出的水應該就足夠淹過所有菜絲了。如果發現鹽水還是不足，請再另外自製鹽分 2% 的鹽水倒進瓶中，直到淹過高麗菜為止。

5. 將步驟 1. 備用的高麗菜葉平鋪在高麗菜絲表面，再將重物放在高麗菜葉上。再次確認所有高麗菜絲都有被鹽水淹過後，拿條布巾蓋住瓶口，並用橡皮筋或繩子固定。

■ 如果怕發酵的過程中鹽水溢出來，可以在瓶子下方放一個有點深度的盤子接水以防萬一。

6. 將高麗菜放置家中最陰涼黑暗、沒有陽光直射的角落發酵，發酵最少 2～3 天，至多的天數依個人喜歡的口味、與發酵溫度而定，沒有一定；溫度愈高，會發酵得愈快速。發酵的 1～3 天內，應該會看到酸菜開始冒出小泡泡，這是發酵良好的訊號。

■ 發酵過程中，要不時檢查高麗菜有沒有一直保持被鹽水完整覆蓋，如果沒有，請拿乾淨乾燥的器具將高麗菜絲向下壓回到鹽水下方；同時用鼻子聞聞看，酸菜有沒有散發出陣陣酸香味，而不是腐敗臭味。

7. 發酵至 2～3 天時，可以用乾燥乾淨的筷子夾出一點酸菜試吃，嘗嘗是否已經達到自己喜歡的酸度；接近發酵完成時，高麗菜會由原本的淺綠色，轉為淺黃米白色，甚至有些半透明。判斷酸菜有沒有發酵成功，最可靠的工具就是你的鼻子、嘴巴和眼睛。

8. 待酸菜發酵至滿意的酸度與脆度後，打開布巾、拿掉重物，蓋上氣密蓋後放入冰箱冷藏，可保存 3 個月。

辣味香料醃漬櫛瓜

在美國上餐館外食,很大機率會在盤裡見到醃黃瓜(Pickled Cucumbers),主要拿來替牛肉漢堡、油炸物等重口味餐點解油膩用,或是當做三明治或冷肉切盤的配菜。只是這麼多年下來,每次吃到醃黃瓜的時候,還是會被它酸得下顎發疼、緊接著臉部肌肉不聽使喚地揪成一團,實在很難習慣或真心喜歡上這個玩意兒。

在外吃到或超市販售的醃黃瓜,多是由白醋或米醋醃漬而成,這兩種醋的酸度高,做出來的醃黃瓜對我們來說實在太酸,所以只要自己在家動手醃瓜或其他蔬菜的時候,我們都是用白葡萄酒醋(White Wine Vinegar)來做。白葡萄酒醋除了酸度稍低,還有一絲淡淡的白葡萄水果香氣,醃漬出來的蔬菜味也顯得溫和許多。

紐約知名Momofuku連鎖餐廳創辦人大衛・張(David Chang)曾說過,好的醃菜味道不該太過銳利,微酸中帶有一抹甜是最好,這樣蔬菜的真滋味才會被彰顯出來,而不是只盡吃到一股醃漬汁水的嗆勁。在醃漬水裡投入一點糖,目的不是為了要做出甜味的醃汁,而是要提出蔬菜的自然甘甜。

而在家自己醃瓜,我們常以櫛瓜取代黃瓜入罐醃漬,原因除了櫛瓜外皮較薄、好快速入味外,瓜肉也比黃瓜來得嫩口。另外做醃漬蔬菜時,蔬菜新鮮與否和醃菜最後脆不脆口、好不好吃有很大的關聯,以櫛瓜來說,就要盡量挑選摸起來緊實,外表沒有擦撞傷、發軟泛黑的為佳,或要在入罐前把不新鮮的地方去除乾淨,不然不

利久存；另外櫛瓜通常個頭愈嬌小的，瓜肉就會愈嫩，這是購買上的小技巧。

　　醃漬蔬菜不用發酵，比酸菜更好掌握，我們的經驗是，在醃漬水煮好以後先嘗嘗味道，如果覺得還不錯，那麼醃出來的蔬菜成品應該也不會和喜好相差太遠。一次到東京旅行，在表參道假日農夫市集上遇見一個專賣醃漬物的小攤，推車上擺滿了醃漬蓮藕片、玉米筍、白花椰、綠蘆筍、紅黃甜椒、朝鮮薊、秋葵和更多五顏六色的，一瓶接著一瓶，光用看的就讓心情飛揚了起來。等哪一天家裡有個大冰箱的時候，我們也要把這些通通都醃起來！

準備

消毒乾淨且乾燥的氣密玻璃瓶 1 只，容量約 1 公升

煮廚小提醒
容器請用耐熱、耐酸的材質為佳

材料

A. 食材
櫛瓜約 450 公克，洗淨切片
紫洋蔥半顆（約 200 公克），切絲
蒜頭 2 瓣，稍微拍碎後去皮
紅辣椒 1 根（怕辣可以刮去內部白色辣囊和籽，或可省略）

煮廚小提醒

櫛瓜和洋蔥盡量切成差不多的厚薄度，比較好同時醃入味。不一定要切成片狀，如果之後想要抓著啃食，可以切成條狀；要夾進三明治裡的話，也可以刨成細絲。

B. 醃漬汁

白葡萄酒醋 1 杯
飲用水 1 又 ½ 杯
砂糖 2 又 ½ 大匙
鹽 ½ 小匙
蒔蘿子（Dill Seeds）½ 小匙（可省略，或用其他喜歡的香料代替）

煮廚小提醒

這是符合我們口味的基本醃漬汁配方，如果你覺得太酸、太甜或不夠鹹，都可以依照自己喜歡的口味調整。除了香料可以自行更換（還看過有人加進乾燥玫瑰花），也可以放進新鮮的香草，組合千變萬化。
只要有了自己喜歡的醃漬汁，幾乎所有富硬度的蔬菜都可以拿來醃漬，試驗看看。

作法及步驟

1. 將櫛瓜片、洋蔥絲、蒜頭和辣椒（如有使用）放進玻璃瓶中，盡量將所有蔬菜擺放緊密，不要有大空隙，等下才好讓醃漬汁水完全覆蓋住蔬菜。
2. 取一個小湯鍋，倒進醋、水、糖、鹽、蒔蘿子（如有使用），一邊開大火煮，一邊攪拌讓糖和鹽完全溶解，煮至沸騰以後熄火。
3. 趁熱將煮滾的醃漬水倒進玻璃瓶裡，倒的時候請小心放慢動作，以防滾燙的醃漬水四濺；倒入瓶裡後，確認所有蔬菜都有被醃漬水覆蓋。待整瓶醃菜靜置降溫後，蓋上蓋子、放入冰箱冰鎮即完成。

■ 最快 3 小時以後就可以享用，或是冷藏一夜後會更加入味。夏天時，吃被冰得透涼的蔬菜特別開胃舒爽。

油封香草小番茄

　　番茄在居住地是要價不菲的昂貴蔬果，兩粒個頭嬌小的羅馬番茄，常常就得花去台幣一百多大洋，盒裝小番茄那就更不用說了。只好趁著每年賣價較為親民的盛產時期多買一點，又捨不得一次唏嚕呼嚕全吃下肚，於是把一部分的它們做成油封番茄，好延長賞味。

　　油封，法文 Confit，源自「保存」之意，是將食材浸入油脂之中，以溫柔穩定的低溫緩緩加熱熟成，並以油隔絕空氣而利久存的料理方式。油封鴨應該是最常見的油封菜代表，除了家禽海鮮，油封的烹製手法拿來料理蔬果也非常合適。

　　例如本篇的油封番茄。番茄在低溫油煮的催化之下，整顆變得柔軟細緻卻不過軟爛，依然保有一顆顆小巧玲瓏的可愛模樣；風味上除了番茄迷人的甘甜鮮味（Umami）被無限放大以外，還像十倍濃縮的水果糖一樣，甜味劇增。

　　比起維持原形整顆直接入盤油封，我們更喜歡先將番茄一切分為二。一來由於切半的番茄水分會從切口處蒸發，製作時間能比整顆番茄來得快速；二來是番茄切面比起光滑的外皮，更能有效率地吸附鹽分，進而引出番茄滋味。

　　油封番茄單吃就是可口的一品，也能拿來拌入沙拉、炒進義大利麵中、打成番茄醬來用，或當成肉排料理的配菜，能用之處無邊無際。在現烤麵包片鋪上軟質起司（像是 Ricotta 和 Feta），再放上油封番茄，則是我們最喜歡的吃法。剩下的油也不會浪費，拿

來沾麵包、拌麵吃，或平時作菜使用都好。

為了方便日後和不同食材搭配做變化，我們的油封番茄只有添鹽，和百里香微微增香的中性味道。愛吃辣的話，可以放進幾顆蒜頭或辣椒，香草也可以隨意放入自己喜歡的。油封番茄做來極為簡單，絕對沒有掏錢買市售品的必要，只要願意花些時間，整罐油封番茄就會以四溢的香氣回報你。

準備

消毒乾淨且乾燥的氣密玻璃瓶 1 只
（容量約 600 毫升）

材料

小番茄 640 公克
鹽 ½ 小匙
油 ½ 杯
新鮮百里香 5 枝

作法及步驟

1. 將小番茄清洗乾淨，摘除蒂頭，從中間對切成半。請用非常銳利的尖刀，或是麵包鋸齒刀來切番茄，要能快速切一刀就俐落斷開，珍貴的番茄汁水才不會到處流散。
2. 取一個大小剛好，能讓全部番茄單層平放不擁擠的烤盤，放進所有材料輕輕拌勻。將番茄切口朝上、不重疊地平鋪在烤盤內。每顆番茄都有和油接觸到就好，不需要完全浸在油裡。
3. 烤箱溫度調至 150℃，不需預熱，直接將番茄放進烤箱中層，烘烤約 1 小時，直到外皮變皺，體積縮小。
4. 從烤箱取出番茄，靜置放涼。挑出百里香不用，將番茄與油（和少量流出的番茄汁）全部倒進氣密瓶中即完成。請確認所有番茄都有被油覆蓋住，如果沒有，再另外補倒一些油入瓶，直到番茄被完全淹沒，與空氣隔絕的番茄較利於保存。
■ 油封番茄可以冷藏保鮮 1 個月，冷凍保存 3 個月。油冷藏後會固化，享用前提早從冰箱取出，放置室溫退冰一下即可。

油漬烤蒜頭

　　市場上的蒜頭常常一買就是一大袋，我們人丁少的家裡即使天天開伙，總還是趕不及在蒜頭最新鮮時通通吃下肚。為了不浪費，每當有新蒜入荷時，我們會揀出幾顆丟入烤箱做成烤蒜，油漬起來可以冷藏2～3個星期，冷凍則能延長保鮮3個月。

　　烤前與烤後的蒜頭，在氣味與口感上可說是判若兩人。烤過的蒜頭比起生蒜，除了幾乎不見生蒜的辛辣嗆勁，最迷人之處，是有股可與奶油比擬的醇厚濃郁，細細品嘗還有抹清淡甜香，這些都是蒜頭經過蒸烤後才會產出的獨特風味。

　　蒜頭烤後鬆軟綿密，輕輕一壓一碾就化成泥，可以直接食用，最常見的吃法是像奶油一樣搭配肉排或抹在麵包上頭。油漬裝罐就可以保存久些，日後只要連蒜帶油舀出一匙就能下鍋炒菜，省去每次都得剝蒜切蒜的前置作業，做起菜來就更輕鬆便利了。

　　如果吃不慣生蒜的嗆辣，可以拿烤蒜代替生蒜入菜，特別是不加熱就直接入口的各式淋醬、抹醬、沙拉醬，烤蒜味道柔和，做成醬料也特別溫醇、不刺激胃。烤蒜更是料理增香的利器，炒青蔬時丟進兩粒、搗馬鈴薯泥時加進三顆、和羅勒打成青醬、放進濃湯裡、和麵條拌在一起……可用之處說都說不完。

　　烤蒜做來非常省事，不用替蒜頭一瓣一瓣地去皮，只要從整顆蒜頭尖端處一刀切下，讓每片蒜瓣都露出一些蒜肉就好；接著包裹進鋁箔紙中，利用蒜頭釋出的水氣半蒸半烤，烤後體積縮小的蒜瓣會與外

皮稍稍分離，這時不費吹灰之力就能將蒜頭完好取出。

　　其實烤蒜的時間和溫度沒有準則，大方向是溫度高就烤快一些，溫度低就烤久一點，烤至蒜瓣中央能輕鬆被利刀穿過的軟度就能出爐；烤久的蒜頭甜味會愈明顯，有鋁箔紙保護的蒜頭非常耐烤，不太需要害怕會烤過頭。我們通常不特意啟動大烤箱只為烤蒜，而是烤麵包、做晚餐必須用到烤箱時，順手塞幾顆蒜頭在烤箱角落，這樣省時省力又省電，還能一直有源源不絕、供給充沛的烤蒜！

準備

消毒乾淨且乾燥的氣密玻璃瓶 1 只（容量約 250～300 毫升）
可包覆 5 粒蒜頭大小的鋁箔紙 1 張

材料

整粒蒜頭 5 顆
油適量
鹽適量

作法及步驟

1. 烤箱預熱 200℃。
2. 切除約 2 公分的蒜頭頂端，確認每片蒜瓣都有露出一些蒜肉，邊角如果有些蒜瓣第一次沒有切到，再單獨切開即可。請留意蒜瓣要露出蒜肉才容易烤上色行焦糖作用，讓風味更佳。
3. 將蒜頭放置錫箔紙中央，在切面處撒上少許油和鹽。接著用鋁箔紙將蒜頭完全包緊，切口面朝上放進烤箱中層，烤約 40～45 分鐘，烤至蒜頭完全變軟、散發出香味就可以出爐。如果想讓蒜瓣上色更深一點，可以視情況拉長烘烤時間。
4. 烤蒜出爐後，就可以直接用叉子取出蒜瓣享用，或是等蒜頭降溫至雙手可以操作時，將蒜瓣一一取出裝進玻璃瓶中，待蒜瓣完全放涼後，倒入剛好可以蓋過蒜頭的油，油一定要淹過蒜頭才有油漬保存的效果。最後放入冰箱冷藏，即完成。

再忙，都要好好吃早餐
——可以預先準備的簡易早餐

好好吃一頓用心準備的豐盛早餐，
美好的一天才能真正開始。

176 堅果奶和燕麥奶

172 一罐到底鬆餅

166 香草雞蛋沙拉——料理祕技：煮一顆完美的水煮蛋

160 果乾燕麥酥和免煮燕麥杯

156 濃縮冷泡咖啡

濃縮冷泡咖啡

　　冷泡咖啡源自日本京都，許多人認為喝來比熱水快速沖成的咖啡更加甘甜，也較沒有熱沖咖啡常有的苦澀和酸味。作法十分容易，只要有磨豆機、玻璃瓶和濾網就能在家自己做，如果買的是現成咖啡粉，那更連磨豆機都免了。

　　冷泡咖啡用的咖啡粉，以中研磨的粗細最為合適，用太細的咖啡粉來冷泡，除了最後不好濾除乾淨，長時間浸泡下也容易釋出苦味。中研磨咖啡粉約如二砂糖般大小，自己在家磨豆見二砂糖的大小就可以停下，如果請店家磨豆，可以提醒店家幫忙將咖啡豆磨成冷泡使用的粗細。

　　咖啡粉和水都注入玻璃瓶後，部分咖啡粉會漂浮在冷水表面，記得拿根湯匙輕輕地攪拌，確認所有咖啡粉都有被水充分浸濕；靜置後，濾除咖啡粉是下個步驟。用洞孔愈細緻的濾網來濾愈有效率，也可以在濾網上鋪層棉布幫忙，或是多濾幾回直到咖啡粉濾除乾淨為止。濾咖啡時可猴急不得，千萬別因為想讓咖啡濾得更快速，就使勁地在咖啡豆上猛壓、猛按，那可是會把咖啡豆的苦酸味一股腦地擠進咖啡裡的。

　　濾好的咖啡建議裝進氣密玻璃瓶裡保存，一來能阻隔冰箱中各種食材交雜的異味，二來咖啡香氣也比較不易消散。保存良好的咖啡可以在冰箱待上兩個星期，曾有咖啡師告訴我們冷泡咖啡每日喝

來的風味都略有不同，就像葡萄酒發酵的進程一樣。

　　1 份咖啡配上 4 份冷水，是我們慣用的冷泡比例，這樣泡出的咖啡為極濃縮版本，因此要加入冰塊或兑上相同份量的冰水飲用，免得攝入破表的咖啡因。冷泡咖啡與牛奶更是超級絕配，少少的 1 份咖啡可以兑上 7 份牛奶甚至更多都還是非常有味，就像在喝熔化的咖啡牛奶糖一樣令人心情愉悦。

準備

冷泡咖啡用玻璃瓶 1 只（容量約 550 毫升）
過濾綿布 1 塊
濾網 1 個
濾咖啡用容器 1 個（例如寬口杯子或碗）
保存咖啡用氣密玻璃瓶 1 只（容量約 350 毫升）

材料

（咖啡：水＝ 1：4）

新鮮咖啡豆 125 公克（或中研磨咖啡粉 1 又 ½ 杯）
飲用冷水 500 毫升

作法及步驟

1. 將咖啡豆磨成中研磨的粗細，如二砂糖般大小。
2. 冷泡玻璃瓶中倒入咖啡粉和冷水，用湯匙輕輕攪拌，確認所有咖啡粉都有被水浸濕。蓋上蓋子，放置室溫 12 ～ 16 小時。
3. 待 12 ～ 16 小時後，將鋪上過濾棉布的濾網架在濾咖啡用的容器上，將咖啡經由濾網倒入容器中濾除咖啡粉，接著靜置 10 ～ 15 分鐘讓咖啡慢慢瀝完。
4. 將濾好的咖啡倒進玻璃瓶中，放進冰箱冷藏即完成。飲用時可以隨個人喜好調整加入適量冰水、冰塊或牛奶，也可以溫熱後再喝。

果乾燕麥酥和免煮燕麥杯

　　燕麥片大概是我們早餐桌上最常出現的品項，不過市售那種一包一包事先調製好，裡面加了一大串看不明白的成分，還有一堆糖粉的即溶燕麥，我們不愛。我們只吃從單純的燕麥片開始，自己做的燕麥酥和燕麥杯，在一早胃口還沒有開的時候吃，清爽又營養。

　　我們是燕麥酥（Gronola）的大粉絲，在美國不論哪個超市，散裝區都有一大片專為燕麥酥闢出的空間，從前經過總要拉個一袋回家才過癮，只是吃光它的速度永遠趕不上補貨的速度，加上現成燕麥酥賣價昂貴，後來便學著自己動手做。

　　燕麥酥的主角是麥片，市售品當然放最多的是燕麥片，果乾堅果都只少數放一點意思意思而已，怎麼樣都比不上自製的澎湃程度。我們把自家做的燕麥酥中燕麥、堅果的比例調高到 1：1，最後再拌入一大杯綜合果乾快速烘烤一下，這樣就能讓果乾多出一分有點黏牙、又不太黏牙的迷人嚼感。

　　再來是免煮燕麥杯，英文稱它 Overnight Oats，顧名思義是「過夜的燕麥」。只要睡前把所有材料攪拌均勻放進冰箱，讓燕麥經過一晚的浸泡慢慢軟化，就可以省去一大段等待燕麥片泡開的時間，隔天起床還睡眼惺忪的時候早餐就已經準備好了，而且食材組合可以隨心所欲，想要每天變化口味也不是問題。

　　燕麥杯裡液體和麥片的比例約為 2：1，我們喜歡濃稠的燕麥片，所以加進奇亞籽，如果不加，牛奶可以少放一些。燕麥杯我們都用氣

密防漏的玻璃罐來裝，這樣如果早上來不及在家吃早餐，方便放進包包裡提著就走；如果要在家吃早餐，或是一次要做一家人的份量，也可以用其他更大的容器來做。

　　燕麥酥可以怎麼吃呢？單吃當零嘴吃，吃它的香酥香脆，也可用它取代色素、糖分都過高的喜瑞兒，撒進牛奶或豆漿裡，還能鋪在優格上頭，也可以當燕麥杯上的配料。把這兩個省時省力的做法學起來，就能讓你睡飽飽氣色好，早餐還能成功達陣！

果乾燕麥酥

材料

燕麥片 1 又 ½ 杯
綜合生堅果或種籽共 1 又 ½ 杯
蛋白 1 顆
楓糖或蜂蜜 ¼ 杯
椰子油或其他油 ¼ 杯
鹽 ¼ 小匙
肉桂粉 1 又 ½ 小匙
香草精 1 小匙
綜合果乾共 1 杯，較大的果乾略切成適口大小

煮廚小提醒

1. 較大的堅果建議略切成適口大小再放入，如杏仁、核桃、胡桃、腰果等；南瓜籽、葵花籽、芝麻和亞麻籽等較小的種籽則可直接放入。
2. 較大的果乾建議略切成適口大小再放入，如無花果乾、芒果乾、杏桃乾等；葡萄乾、枸杞、蔓越莓等較小的果乾則可直接放入。建議用無另外加糖的果乾來做，成品才不會過甜。
3. 椰子油特別適合拿來做燕麥酥，能讓燕麥酥聞起來有一股熱帶水果的香氣。椰子油在天冷氣溫低時會結塊，稍微加熱後成液態狀會比較好攪拌。

作法及步驟

1. 烤箱預熱 150℃。
2. 取一個容易攪拌的大碗盆，將除了果乾以外的所有材料，在大攪拌盆裡攪拌均勻，倒進大烤盤中平鋪一層。
3. 進烤箱中層烤至燕麥片上色後（約 30 ～ 35 分鐘時），小心取出烤盤、放進果乾拌均，再放進烤箱烤約 5 ～ 10 分鐘（視果乾大小而定），總共約需要烤 35 ～ 45 分鐘，中途烤至一半時將烤盤轉個面、翻拌 1 ～ 2 次，幫助燕麥酥烤得更均勻。
4. 燕麥酥出爐後要徹底放涼，才裝進密封罐裡保存。如果一次做的量很大、消耗的速度不夠快，請放進冰箱冷藏保鮮。
■ 燕麥酥剛出爐時還會有點軟，待完全放涼以後就會轉脆了可不用擔心。

免煮燕麥杯

材料

（1 人份）

燕麥片 ½ 杯
奇亞籽 1 ～ 2 大匙（放愈多燕麥片會愈濃稠），可省略
鹽 1 小撮
楓糖或蜂蜜 1 大匙
牛奶 1 杯，或依喜歡的濃稠度增減
（也可以用燕麥奶、堅果奶、豆漿或優酪乳代替）

以下為可自由選擇添加的配料：
果乾燕麥酥
喜歡的堅果
新鮮水果
水果乾
肉桂粉、可可粉、芝麻粉、抹茶粉、椰子粉等加味粉

作法及步驟

1. 取一個約 350 ～ 400 毫升的防漏玻璃瓶，放進所有材料，攪拌均勻後蓋上蓋子，放進冰箱靜置至少 5 小時或隔夜。最多可以冷藏 5 天，放的天數愈長，燕麥片就會愈軟、愈稠。
- 全部材料共約 300 毫升，建議拿比 300 毫升容量稍大一點的玻璃瓶來做，才有空間放配料。
2. 隔天要吃早餐的時候將燕麥杯從冰箱取出，放上喜歡的配料即完成。
- 如果和我們一樣不習慣吃冰冷的早餐，可以將燕麥杯放進微波爐裡快速加熱，或隔水加熱一下再吃。

香草雞蛋沙拉

料理祕技：煮一顆完美的水煮蛋

　　我們每天早餐一定都會吃一顆蛋。起床後，如果時間充裕，會替自己煎一顆太陽蛋或是蔥花蛋；忙碌起來的更多時候，我們會在前一晚把水煮蛋先準備好，隔天就能省去開火；週末則會一次多煮一些，切切拌拌變化成雞蛋沙拉，接下來好幾天的早餐就有著落。

　　美味的雞蛋沙拉，始於好的水煮蛋，除了盡量購買有機自然放養的雞蛋以外，更重要的，是煮它的方法。關於水煮蛋的作法，J. Kenji López-Alt 主廚在 2019 年 10 月刊登於《紐約時報》的專欄文章，是我們目前看過最完整詳盡的一篇。

　　文中 Kenji 主廚紀錄下他如何召集了近百人到他位於聖馬刁的餐廳裡，參加水煮蛋盲測試吃，他和副廚們就像在實驗室中追求真理一樣，把所有坊間流傳、一直以來被大家理所當然、奉為圭臬的作法，都一一測試化為數據，用掉了共 700 顆雞蛋，得出能讓蛋黃、蛋白軟嫩不柴，蛋殼又可以輕鬆剝除的黃金煮法。

　　雞蛋要先從冰箱取出回溫，下水煮才不會破嗎？不需要，冰雞蛋和室溫雞蛋的差別，只在於室溫雞蛋會比冰雞蛋快 1 分鐘煮熟而已；在水裡加鹽、醋或蘇打粉可以防止蛋殼破裂嗎？在水裡加這些東西其實一點用處都沒有，最後還可能讓蛋白變成詭異的藍色；在雞蛋屁股上戳洞，會讓蛋殼比較好剝嗎？不會，但是可以減少氣室凹陷的機會；愈新鮮的雞蛋，殼就會愈難剝嗎？只要用對方法，就算是母雞剛生出來還溫熱的新鮮雞蛋，也會和大賣場放了兩星期以

上的老蛋一樣好剝。

「蛋一撈起來就要馬上浸入冷水裡。」是另外一個我們乖乖照做，蛋殼依然和蛋白緊緊相依、難分難捨的步驟，Kenji 主廚也給了我們解答：浸入冷水能降低氣室凹陷的機率，但同時也會讓蛋殼變得更加難剝；等水煮沸以後才把雞蛋放進鍋裡，使蛋白遇到高溫的瞬間急速凝固，是讓蛋殼好剝的最佳辦法。

現在知道該怎麼煮出一顆完美的水煮蛋了，完整帶殼的水煮蛋可以在冰箱存放 1 個星期，要是突然想吃沙拉或溏心蛋，滷肉時想順便一起滷幾顆蛋起來，或是想做塔塔醬和魔鬼蛋配菜，全都悉聽尊便。

材料

冰雞蛋 10 顆
鹽 ½ 小匙
黑胡椒 ¼ 小匙
西洋芹 1 大根，連著葉子一起切細段
巴西里葉 1 小匙，切碎
蝦夷蔥（Chives）¼ 杯，切碎
楓糖漿或蜂蜜 ½ 大匙
法式第戎芥末醬（Dijon Mustard）或芥末籽醬（Whole Grain Dijon Mustard），2 小匙
美乃滋 3 大匙
優格 2 大匙

煮廚小提醒

加進一點優格的沙拉吃起來會比較清爽，但全部都用美乃滋來做也行。

作法及步驟

1. 先水煮雞蛋：取一個夠大，每顆雞蛋都可以平鋪一層碰到鍋底、不會互相重疊的湯鍋，倒入約高 2.5 公分的水量，蓋上鍋蓋、開大火煮滾。

■ 用 2.8 公升的湯鍋剛好可煮 10 ～ 12 顆雞蛋。

2. 水滾後開蓋，用大網勺輕輕舀放雞蛋入鍋，再蓋上鍋蓋續煮，計時煮 8 分 30 秒；煮蛋時要一直維持煮水滾沸的狀態。待時間到後撈起雞蛋，靜置到不燙手時，剝掉蛋殼、切塊。

■ 水大約只會淹到雞蛋面積的 ⅔，這樣半煮半蒸的雞蛋，會比被水完全淹過而煮出來的雞蛋更嫩。

■ 煮 6 分鐘→蛋白完全凝固，蛋黃呈溏心狀。

■ 煮 8 分 30 秒→蛋白和蛋黃周圍完全凝固，蛋黃中央鮮黃濕潤，拿來做沙拉最適合。

■ 煮 10 分鐘→蛋白蛋黃全熟。如果用室溫雞蛋，或比較大顆的雞蛋，煮的時間要延長 1 分鐘。

3. 取一個容易攪拌的大碗盆，先放進切塊的雞蛋、鹽和黑胡椒稍微攪拌入味，再放進剩下的全部材料，整體翻拌均勻即完成。沙拉可以夾在兩片吐司間變三明治，或拿鹹餅乾舀著吃。

一罐到底鬆餅

搖一搖玻璃瓶變出麵糊的技巧一旦上手，煎鬆餅就再也不是週末有空有閒時才能做的費事廚活。鬆餅用的都是家中櫥櫃的常見材料，麵粉、糖、蛋、油、牛奶在罐裡上下左右搖晃即成，不僅平日上班趕課的早晨來得及做，嗜吃鬆餅時簡單準備一下就能入鍋。

用玻璃瓶取代攪拌盆做鬆餅的好處多多，只要熟悉了鬆餅的麵糊用量，就算沒有量匙或湯勺幫忙，也能靠目測將恰如其分的麵糊直接從瓶口倒出進鍋；準備好的麵糊如果沒有馬上要用，套上蓋子就能整瓶收進冰箱備用。一罐到底除了可以省去洗一堆鍋碗瓢盆的麻煩，作法與保存上都更加俐落方便。

想要鬆餅「鬆」軟綿密，從攪拌麵糊到入鍋慢煎都有需要留心的地方。首先記得，麵糊不可過度搖晃攪拌，攪拌過度會讓麵粉出筋，鬆餅吃來就會不夠鬆軟。看乾、濕材料在罐裡結合成麵糊時就停止晃動，這時麵糊裡會有些像小疙瘩的結塊是正常的，這些小結塊都會在鬆餅煎成後消失得無影無蹤。

另外，讓麵粉有充足時間好好吸收牛奶、雞蛋中的水分也是做出好吃鬆餅的關鍵。再怎麼趕也要讓麵糊靜置至少 10 分鐘後再下鍋，如果早上實在急著出門，可以前一晚把麵糊備好放入冰箱冷藏，隔天起床時麵糊就能立刻下鍋。

再來，是煎鬆餅的注意事項。煎鬆餅切忌心急開大火，大火只會讓鬆餅陷入外部很快燒焦發黑，內裡還黏糊糊沒熟的尷尬處境。也不

得貪心一次把煎鍋塞滿鬆餅，麵糊遇熱後會向外膨脹，因此每團濕麵糊間應該相隔至少 2 公分，才不會最後全黏在一起，也才有足夠空間替鬆餅翻面。

　　當麵糊表面開始冒泡、且泡泡開始爆破的時候，就是替鬆餅翻面的最佳時機。太常翻動的鬆餅會因為氣體消散而口感不佳，因此練習最多只翻面一次，與判斷鬆餅翻面的良辰吉時至關重要。第一批的鬆餅色澤通常不會比後面幾落來得好看，待鍋子溫度漸漸穩定，就會愈煎愈美麗了。

準備

有蓋瓶罐 1 只（容量約 800 毫升），建議用容量大一點的罐子來做才有足夠空間搖晃麵糊

材料

（約可做直徑 9 公分的鬆餅 14 ～ 15 片）

鮮奶 1 杯、雞蛋 1 顆、油 2 大匙、中筋麵粉 1 杯、泡打粉 1 小匙、砂糖 2 大匙、鹽 ¼ 小匙、煎鬆餅用油適量、奶油適量、楓糖漿適量

煮廚小提醒

1. 如果喜歡吃水果或巧克力口味的鬆餅，可以準備適量藍莓、覆盆子、香蕉薄切片或巧克力碎片放入。因為鬆餅已經有甜度，建議香蕉（煎完後甜度會上升）和巧克力別放太多，鬆餅才不會太甜膩。建議麵糊舀進鍋裡後再把料均勻鋪上，才不會讓脆弱的水果，例如藍莓，在麵糊裡破得亂七八糟，或是分布不均。

2. 平日可以先將麵粉、泡打粉、砂糖、鹽這4項乾材料混合均勻備好，要做鬆餅時和濕材料混合一下馬上就是鬆餅麵糊，非常方便。

作法及步驟

1. 先將濕材料（鮮奶、雞蛋、油）倒進罐中，再加進乾材料（麵粉、泡打粉、砂糖、鹽）後，蓋緊蓋子用力上下左右搖晃，直到所有材料混合均勻成麵糊就停下，避免過度搖晃出筋，麵糊中有些小結塊沒有關係。讓麵糊靜置至少 10 ～ 30 分鐘。

■ 請一定要先把所有濕材料都倒進瓶裡以後，再加入乾材料，麵糊才好搖晃均勻；如果要用攪拌盆來攪拌麵糊，那就要先放乾材料再放濕材料比較好攪拌。

2. 煎鍋以中火預熱後倒入少許油，讓油均勻沾滿鍋底薄薄一層，接著加入麵糊，再鋪上水果或巧克力（如有使用）。1 片鬆餅約 2 大匙麵糊，依鍋子大小調整一次煎的鬆餅數量，每片鬆餅間最好相隔 2 公分。

3. 麵糊入鍋後，第一面煎約 2 ～ 3 分鐘，看麵糊表面冒出泡泡、且泡泡開始破裂出現孔洞，用鍋鏟輕輕翻起鬆餅一角，查看貼鍋的那一面轉為金黃色就可以翻面；接著續煎另一面約 1 ～ 2 分鐘至金黃色就可以起鍋，重複此做法直到麵糊用完為止。煎鬆餅的過程中要視情況調整火力和適量添油。

4. 煎好的鬆餅放上切塊奶油、淋上楓糖漿即完成，趁熱享用。

■ 為了讓鬆餅上桌時能每一片都熱呼呼，可以將先起鍋的鬆餅放進微溫的烤箱保溫，等所有鬆餅都煎完後再取出一起盛盤。

堅果奶和燕麥奶

　　喝過最近紅透半邊天的堅果奶和燕麥奶了嗎？以前在超市看到一瓶瓶的 Almond Milk 和 Oat Milk，還以為是「加了杏仁香精調味的牛奶或燕麥牛奶」，結果查了才知道所謂的「Almond Milk」是由水和生杏仁打製而成，「Oat Milk」也是水和燕麥片打成的，成品都和牛奶一樣呈現乳白色，所以英文取名叫 Milk，但是實際上和牛奶一點關係也沒有，真是誤會大了。

　　後來搜尋食譜發現，歐美人士飲用堅果奶已經行之有年，不僅杏仁可以打成奶，所有想得到的堅果，像是核桃、腰果、開心果、榛果等也行，能用單一種類的堅果來打，也可以混合著用。後來繼堅果奶之後，燕麥奶這個取代牛奶的「類牛奶」也漸漸地火熱起來，連世界有名的藍瓶咖啡都在菜單上推出了燕麥奶咖啡，可見這股銳不可擋的趨勢。

　　為了盡可能地和牛奶的質地與口感靠近，市售的堅果奶或燕麥奶，多少都有放入乳化劑、穩定劑等食品添加物，既然堅果和燕麥片都是不難取得的食材，而且小小一杯堅果或燕麥片就能夠打出一大瓶來，如果喜歡堅果奶或燕麥奶的味道，或是對牛奶過敏有乳糖不耐症的話，自製絕對划算，實在想不到不在家自己做的理由呢！

　　飲用水兌上堅果或燕麥片，就是堅果奶和燕麥奶最單純的作法。想果想要增添一點甜味，除了加進糖、蜂蜜或楓糖，水果之王──椰棗（Dates）是我們最愛用的甜味劑，除了甜度非常足夠，還能多喝

下椰棗的營養素與纖維質。要把椰棗和奶都打得滑順綿密，一定要有強力果汁機來幫忙才行，只用手持攪拌棒的話可能會不太夠力。

　　過濾後剩下的堅果渣和燕麥渣，可以加進燕麥粥裡一起吃，或放進烤箱烤脆當成零食或優格上的撒料，加進鬆餅糊裡煎成鬆餅也行，能夠再次利用的地方很多。不過在我們懶蟲附身的很多時候，就會略過濾渣步驟直接開喝了，嘻！

堅果奶＆燕麥奶材料

喜歡的生堅果或生燕麥片 1 杯
飲用水 3 杯（或依喜歡的濃稠度增減）

以下為可自由選擇添加的調味品：
蜂蜜／楓糖 1 大匙，或去核椰棗 1 顆（或依喜歡的甜度增減）
鹽 1 小撮（放大甜味用）
香草精 ½ 小匙
肉桂粉 ¼ 小匙

煮廚小提醒

可以事先將椰棗浸泡過夜備用，泡軟的椰棗比較容易打碎。

A. 堅果奶作法及步驟

1. 堅果用水浸泡至少 8 小時，或放隔夜。浸泡水大約淹過堅果 2 ～ 3 公分。
2. 將浸泡堅果的水濾除倒掉不用，堅果用飲用水沖洗乾淨幾次。強力果汁機裡倒入堅果、3 杯飲用水和調味品（如有使用），攪打至滑順。如果有調味，試喝一口看看味道需不需要再做調整。
3. 用過濾棉布濾除堅果渣渣，堅果奶倒入密封罐保存，可以放冰箱冷藏 3 ～ 5 天。堅果奶放久了會分層是正常的，先搖晃均勻後再飲用。

B. 燕麥奶作法及步驟

1. 燕麥片可以直接進果汁機攪打，或先用水浸泡 20 分鐘再打（浸泡水大約淹過燕麥片 2 ～ 3 公分）。如果燕麥片有事先浸泡過，攪打前要將燕麥片的浸泡水濾除倒掉，並用飲用水將燕麥片沖洗乾淨幾次。

■ 短暫浸泡燕麥片，目的是為了要讓燕麥比較好消化，如果趕時間，略過這個步驟無妨；另外清洗燕麥，目的是為了讓打出來的燕麥奶少點黏稠口感，如果不介意，這個步驟也可以略過無妨。

2. 強力果汁機裡倒入燕麥片、3 杯飲用水和調味品（如有用），快速攪打約 30 ～ 45 秒就好，不要將燕麥片打到完全粉碎，這樣接下來會比較好濾除。如果有調味，試喝一口看看味道需不需要再做調整。
3. 用過濾棉布濾除燕麥渣渣，燕麥奶倒入密封罐保存，可以放冰箱冷藏 3 ～ 5 天。燕麥奶放久了會分層是正常的，先搖晃均勻後再飲用。

Chapter 3
麵包、小食與甜點

優閒的午後，以一盤精緻可口的甜點，
學習與自己共處一段小食光。

在麵粉裡找到療癒
——不用搓、揉、捏的省力麵包

剛出爐的麵包香味撲鼻，咬下一口，
滿滿的幸福滋味溢滿胸懷。

214　活用撒步：吃不完的麵包保存和運用——手撕蒜香麵包丁、香草麵包粉、麵包丁沙拉Panzanella、麵包布丁

208　希臘優格麵團延仲應用——Pizza和蒜香麵包球

204　希臘優格快速貝果

200　原味和果乾司康

196　免發酵蘇打麵包

192　免揉麵包系列延伸——免揉佛卡夏

186　5分鐘免揉麵包

5分鐘免揉麵包

　　想到做麵包，大部分的人應該都會覺得既難又麻煩吧！包括以前的我們也是，直到認識了這款免揉麵包才發現，原來要做出好吃的麵包根本用不著這麼辛苦，烤麵包也從此成為我們每週或每兩週必做的廚事。

　　免揉麵包好多年前因為 Jeff Hertzberg 和 Zoë François 合著的《Artisan Bread in Five Minutes a Day》這本書在美洲爆紅，本篇的作法即是作者當年在宣傳影片中的配方，加上一些我們實際操作好幾年下來的心得。儘管原始影片已經老舊模糊、初版書也問世了快要 20 年，書中食譜至今依然被人們不斷傳播歌頌，全是因為這個作法實在太方便，效果又太好了！

　　只要麵粉、鹽、酵母和水四項簡單材料就好，大半的發酵工作都交由時間和冰箱幫忙完成，兩手實際接觸麵粉的時候只有攪拌和塑形而已，算下來平均一天花在做麵包上的時間可能 5 分鐘都不到呢。沒有揉麵團揉到手腕發痠（作者還特別提醒不要揉！沒有意義！）、脊椎僵直的苦差，不知不覺就能在忙碌家事、備煮三餐間的空檔中優雅無比地生出麵包來，過程既無痛又成就感非凡。

　　若要說免揉麵包哪個步驟有那麼一點難度，大概只有一開始替濕濕軟軟的麵團整形不易掌握而已，不過那也能在練習多次後逐漸上手，最後甚至可以光靠懸在空中的雙手迅速將麵團往底部收攏，不需桌面幫忙也能整出完美圓形或其他想要的形狀。

免揉麵團完成第一次發酵後能在冰箱裡擺上 2 個星期，這段期間麵團還會在低溫下持續緩慢發酵，因此第 1 天做的麵包和第 3 天、第 10 天做出來的麵包風味都會略微不同。麵團擺得愈久，發酵而生的酒精氣味會愈加明顯，產出的麵包也會偏向歐式酸種麵包多一些。

　　麵團隨時在冰箱備著，突然想吃麵包時只要揪出一塊麵團整形，看是想吃長型法棍、小型圓餐包、還是大型歐包切片都沒問題，加上這個麵團溫和中性，和任何香草、堅果、果乾、起司、橄欖一塊兒烤都不違和，只怕吃麵包的速度趕不上烤麵包的速度而已！

準備

攪拌、儲存麵團用的大盆或大桶 1 個，有附蓋子的為佳（容量約 5 ～ 6 公升）

大烤盤 1 個

裝熱水用鐵製容器 1 個，容量可以裝下 1 杯水即可（例如鐵烤盤、鐵鍋、鐵製蛋糕模等）

煮廚小提醒

1. 有蓋的桶子，在冰箱裡保存麵團比較方便。
2. 挑選桶子容量要大一些，因剛攪拌好的麵團約 2 公升，室溫發酵後的麵團會長高到約 5 公升。
3. 麵團發酵時會產生氣體需要縫隙排放，請不要拿完全封死的氣密桶來保存麵團。

4. 作者用專業的石板來烤麵包，但是一般家裡要特地買一個又
   重又大的石板放在烤箱裡實在不太方便，所以我們拿常用的
   烤盤來取代，麵包底部烤出來的脆皮效果也很好。

5. 裝熱水用的容器，千萬不要用玻璃或陶瓷材質的容器，它們
   會因為承受不了劇烈的溫度差而爆裂，請特別留意。

材料

**（此份量大約可以做 4 個中型麵包，可依家中人數、吃麵包的頻率
自由按比例增減份量）**

中筋麵粉 6 又 ½ 杯，另外準備防沾用麵粉適量
鹽 1 又 ½ 大匙
乾酵母粉 1 又 ½ 大匙（速發或正常酵母都可以）
溫水 3 杯（手摸起來微溫即可，約 37～38℃）
想要加進麵包中的添料，如香草、果乾、巧克力、堅果等適量（可
省略）
玉米粉（Cornmeal）適量（可省略）

煮廚小提醒

1. 如果用的是涼水，麵團所需的發酵時間會更長；就是千萬別
   用熱水，酵母一碰到熱水就會失去活性。

2. 玉米粉的作用為預防麵包底部沾黏烤盤用，也可以用適量麵
   粉代替，或是鋪上烘焙紙防沾（如果用烘焙紙防沾，麵包烤
   到一半時要取出烘焙紙，才好烤出底部脆皮）。我們私心認
   為玉米粉不止有防沾效果，還能增加麵包口感，也吃進多一
   種營養，一舉數得。

作法及步驟

1. 大桶裡倒進麵粉、鹽、酵母粉和溫水,用大刮棒或勺子攪勻成濕潤的麵團,輕蓋上蓋子(不要蓋死,留個縫隙給發酵氣體消散用),靜置室溫發酵 2 小時。2 小時後,看麵團長高到幾乎占滿整個桶子後蓋上蓋子,放進冰箱冷藏過夜。

■ 如果趕時間,發酵 2 小時後的麵團其實已經可以直接使用;不過冰一夜的麵團會比較不黏手容易操作,而且風味更好。

2. 隔天烤箱下層放入裝熱水用的鐵製容器,並將烤箱預熱至 230℃至少 15 分鐘。從冰箱取出麵團,在麵團表面和雙手都撒上麵粉防沾,用剪刀或利刀分割出約像葡萄柚大小的麵團。麵團如果沒有要一次用完,剩下的再放回冰箱保存日後使用。

3. 用雙手手刀一邊將麵團從四周往下端收緊,一邊整成圓形或橢圓形,重複動作幾次,讓麵團表面圓滑繃緊。過程中任何時候只要覺得麵團黏手,都可以隨時再撒點麵粉。

■ 如果要做有加料的麵包,先將添料放進麵團後稍微搓揉、均勻分布在麵團中,再按照上面的方法整形。

4. 烤盤撒上玉米粉或麵粉,或鋪張烘焙紙防沾,再放上麵團發酵約 40 ～ 90 分鐘。

■ 發酵時間可依喜歡的口感決定,發酵愈久,烤出來的麵包孔洞會愈大。

5. 發酵完成後，在麵團表面撒上麵粉，用鋸齒麵包刀或鋒利的刀在表面劃上喜歡的割紋至少 1 公分深，紋路劃得愈深，烤出來的效果愈好。

■ 如果想做外層有沾料的麵包，先用刷子在麵包表面刷上一層水再撒料，接著才用利刀割紋。

6. 將麵團連同烤盤放進烤箱中層，下層鐵製容器裡倒進 1 杯熱水後（熱水遇到鐵容器的瞬間會「唰！」一聲竄出蒸氣，請小心），立刻關上烤箱門鎖住蒸氣，這樣麵包才容易烤出脆皮。

■ 烤箱如果只有一層，放水的鐵製容器可以和麵包放在同一層。

7. 烤約 30 ～ 35 分鐘後（如果烤的是小型麵包，請視情況斟酌縮短烘烤時間），至麵團膨起、表面金黃酥脆即可出爐。麵包出爐後至少放涼降溫 30 分鐘後再切片來食，內部才不會因為水分蒸發而變乾。

■ 由於這個麵團無蛋、無油，如果接下來要出遊，或是其他原因沒辦法在 2 個星期內將麵團用完，可以將麵團分割妥當後放進氣密盒中裝好，就可以冷凍延長保存至 4 個星期。要用的前一晚將麵團移置冷藏退冰，隔天再從步驟 3.開始製作即可。不過冷凍麵團做出來的麵包，膨起程度會不如冷藏麵團來得高，吃起來的口感也會偏硬一點。

免揉佛卡夏

　　早在烤箱還沒有發明之前，麵包就存在了。當時人們會把壓扁的麵團放在壁爐前石板上，再用熱灰燼覆蓋悶烤成扁平的麵包，就是今日佛卡夏的前身。

　　和 5 分鐘免揉麵包一樣，免揉佛卡夏的大部分工作都交給冰箱來完成，不同的是因為麵團裡含油，最多只能放置兩天就要用完。佛卡夏發酵完成的麵團像雲朵一樣膨鬆軟綿，配料還能按照自己喜歡的口味天天變化，做起來特別舒壓！

材料

A. 主材料
中筋麵粉 5 杯
鹽 1 大匙
速發酵母 1 小包（2 又 ¼ 小匙）
溫水 2 又 ½ 杯（手摸起來微溫即可，約 37 ～ 38℃）
橄欖油 4 大匙＋ 1 大匙＋ 1 大匙

B. 建議配料
油封香草小番茄（作法請參考 P.146〈油封香草小番茄〉）
油漬蒜頭（作法請參考 P.150〈油漬烤蒜頭〉）
黑、綠去核橄欖
切片培根
炒至焦糖化的洋蔥絲
粗粒鹽（可增加口感）
迷迭香、百里香，或其他喜歡的香草

作法及步驟

1. 取一個容易攪拌且夠大的碗盆，倒進麵粉、鹽、酵母拌勻，再倒進溫水，用大刮棒或勺子攪拌成濕潤的麵團。

■ 麵團發酵後會脹成 2 倍大，所以攪拌盆不能太小。

2. 倒入 4 大匙橄欖油，在盆中翻滾麵團，讓每一面都均勻沾裹上橄欖油，封起碗盆，放進冰箱低溫發酵 1 天。

3. 隔天取出麵團，麵團應該脹至原本的 2 倍大。

4. 取一個有深度的烤盤，烤盤內塗上薄薄一層奶油防沾，在烤盤中央倒入 1 大匙橄欖油，接著放入麵團，也把發酵盆裡剩下的橄欖油一併倒入烤盤中，讓整個麵團都沾上橄欖油。接著讓麵團再次靜置發酵 2 ～ 4 小時，直到脹成 2 ～ 3 倍大，幾乎快占滿烤盤。

■ 我們用 9×13 吋的長方形烤盤，烤出來的是有厚度的佛卡夏，可以拿來當成三明治麵包使用；如果想要薄一點的佛卡夏，可以改用更大的淺烤盤來做。

5. 麵團發酵完成後，烤箱預熱 215℃。

6. 在麵團上倒上最後 1 大匙橄欖油，雙手也抹上一些橄欖油，接著像彈鋼琴一樣，用 10 隻指尖往麵團裡用力直直按壓下去，按出深至烤盤底，布滿整個麵團的小洞；最後放上喜歡的配料（也可以只撒鹽），進烤箱中層烤約 20 ～ 30 分鐘，至佛卡夏膨起、表面金黃即完成。

免發酵蘇打麵包

　　有的時候突然很想吃麵包，但是打開冰箱才發現免揉麵包的麵團用完了；又有的時候晚餐只想配著麵包吃，卻懶得只為了買麵包出門一趟；或有的時候根本犯懶到了最高點，連免揉麵包都懶得做的時候，我們就會做這個兩三下就能做好的蘇打麵包。

　　蘇打麵包的便利和快速，都更勝免揉麵包一籌，就算免揉麵包做起來再怎麼省力，還是免不了需要等待麵團發酵的時間。蘇打麵包和免揉麵包一樣全程都不用捏揉，更省下了發酵麵團的步驟，材料攪一攪立刻就能送進烤箱，不用太久就有熱烘烘的麵包一顆。

　　蘇打麵包之所以可以不用發酵，烤出爐還能膨得像朵雲，靠的全是白脫牛奶（Buttermilk）與蘇打粉相遇的美好結果。鹼性的蘇打粉需要酸性物質，例如白脫牛奶的幫忙，才能成功發泡啟動膨脹劑的功能，讓麵包蓬鬆起來。

　　白脫牛奶在歐美超市是基礎備品，質地比牛奶濃稠且酸，能讓麵粉中的麩質（Gluten）軟化，使成品吃起來鬆軟，因此常拿來用在製作烘焙品上。只是白脫牛奶在台灣不好取得，只能在一些專門的烘焙商店找到；不過倒也不必為了做麵包特別去買，可以在家用 1 杯牛奶兌上 2 大匙檸檬汁（或白醋）的比例來自製替代品就行了。

　　傳統的蘇打麵包上，一定都有兩條長而深的十字劃紋，以前的人相信在蘇打麵包上劃上十字，便能將魔鬼從麵團裡釋放出來，麵包才會烤得成功。不過從烘焙的實用角度來說，在麵團上切紋的最大用

處，則是能讓麵包在烘烤的過程中可以舒適地膨脹開來，而有更多的面積可以烤得脆，也能讓麵團容易烤熟。

　　蘇打麵包吃起來和比司吉非常相近，兩者的製作材料其實也相差不遠，是一款隨性的家庭麵包，所以就算麵包表面有大小裂痕，或是整形得不夠圓滑，都不必太過在意。蘇打麵包乍吃之下好像索然無味，麵粉的香氣卻會讓人上癮得愈嚼愈香，可以抹上一層厚厚的奶油，再淋上蜂蜜或鋪上一層果醬同吃。

材料

中筋麵粉 4 杯
蘇打粉 1 又 ½ 小匙
砂糖 2 大匙
鹽 1 又 ½ 小匙
冰無鹽奶油 4 大匙，切小塊
白脫牛奶（Buttermilk）1 又 ½ 杯
（或以自製的酸化牛奶代替）
喜歡的果乾 1 杯（可省略）

煮廚小提醒

1. 如果想要麵包口感更鬆軟一點，可以用 3 杯中筋麵粉配上 1 杯低筋麵粉。
2. 如用無花果、李子、芒果等大型果乾要切小塊後再用，蔓越梅、葡萄乾等小型果乾則不用切，直接入麵團就好。

3. 自製酸化牛奶：

①準備 1 又 ½ 杯室溫牛奶 +3 大匙現擠檸檬汁或白醋。

②事先從冰箱取出牛奶，退冰至室溫；如果急著用的話，也可以把牛奶快速加溫一下（例如放進微波爐微波一下）。

③接著加進現擠檸檬汁或白醋，攪拌均勻後靜置 10 分鐘。10 分鐘後牛奶質地應該會變稠，而且有些小結塊，這樣就表示製作酸化牛奶成功了，攪勻以後就可以直接使用。烤好的麵包不會吃到酸奶的結塊，也不會感覺到酸味，不用擔心。

■ 我們曾用過冰牛奶來做酸化牛奶，發現冰牛奶和檸檬汁、白醋的反應都不好，就算靜置 0.5 小時牛奶也沒有變濃稠或結塊。所以自製酸化牛奶時，請記得要用室溫牛奶來做。

作法及步驟

1. 烤箱預熱 190℃。

2. 取一個容易攪拌的大碗盆，將麵粉、蘇打粉、砂糖和鹽在盆中攪勻。

3. 加入切小塊的冰奶油，用指尖將奶油搓進麵粉中，成為像餅乾屑一樣的質地後，加入果乾拌勻（如有用）；最後倒進白脫牛奶或自製酸化牛奶，混合成偏濕潤的麵團；混合過程中不要過度攪拌搓揉，麵包才會鬆軟。

■ 完成的麵團會有一點點黏手是正常的，如果麵團實在黏到無法操作，就在麵團和手上都撒些麵粉防沾。

4. 烤盤鋪上烘焙紙，將麵團從盆中倒出至烤盤上，兩手再次抹點麵粉，將麵團整成直徑約 18 ～ 20 公分的圓形，用利刀在麵團表面劃上十字切紋，切紋約 2 公分深。

5. 取一張和烤盤差不多大小的鋁箔紙，輕輕覆蓋住整個麵團，烤盤放進烤箱中層烤約 25 分鐘後，打開烤箱拿掉鋁箔紙，接著再繼續烤約 15 ～ 20 分鐘，直到麵包表面烤上了一層淺金黃色，和用竹籤插入麵包中心，取出沒有沾黏任何生麵糊時即可出爐完成。麵包出爐後至少放涼降溫 30 分鐘後再切片來食，才不會因為水分蒸發而變乾。

■ 表面容易烤得過硬，是蘇打麵包常見的問題，於是我們想到用鋁箔紙輕輕蓋著麵團一起進烤箱，烤到一半時再把鋁箔紙拿開，用這個方法烤出來的麵包就不會過硬，而且內部鬆軟濕潤。

原味和果乾司康

　　實在很喜歡司康這個小傢伙，圓滾滾的披著一層金黃脆皮看來討喜不說，還有著任何糕點都無法匹敵，極度純粹的麵粉和奶油香氣，儘管司康在爭奇鬥豔的麵包群裡顯得非常樸實無華，依然能讓我們吃它千遍也不厭倦。

　　最好吃的司康，是剛從烤箱取出不久，撥開還冒著騰騰熱氣時的司康，唯有在家做，才能享用到這樣的美味。自己做司康非常簡單，不需要特別準備什麼特別道具，僅靠雙手就能完成，特別適合烘焙新手嘗試。

　　不過作法簡單歸簡單，要烤出濕潤而不乾、酥鬆而不硬的司康，還是有幾點注意事項得提點。首先記得，等到要準備製作司康的前 1 秒，再把雞蛋、奶油等材料從冰箱取出就好。許多蛋糕餅乾食譜都會要求事先取出材料退冰，但是做司康時不需要如此，反而使用的材料愈冰冷，烤出來的司康才會愈酥軟。

　　因此除了用涼冰冰的奶油、鮮奶油和雞蛋以外，如果心有餘力，可以連麵粉和攪拌盆都事先放進冰箱降溫，這麼做能讓奶油盡可能在切塊、混進麵團的過程裡沒有熔化的機會，直到進入烤箱為止。奶油在烤箱中才熔化而產生的蒸氣，是讓司康擁有如酥餅口感般的重要關鍵。

　　再來，從混合材料到整形成團，都請謹記「動作愈少愈好」的原則，看麵粉差不多成團就停止搓揉，即便麵團有些粗糙結塊也無所

謂；整成團的動作也愈快愈好，過度攪拌或反覆揉捏只會讓麵粉跑出筋性，烤出來的司康就會又硬又乾。

最後，請將切割好的司康麵團在烘烤前，再次放進冰箱中冷卻。前面雖然已經使用了冰材料來製作司康，但是操作過程中雙手的溫度難免會讓麵團回溫，為了達到最好的外酥內軟效果，可以在烤箱預熱的 15 分鐘裡，把麵團連同烤盤放進冷凍櫃裡鬆弛一陣，或是提前準備好麵團冷藏一晚，隔天再烤。

剖半後抹上厚厚一層凝脂奶油和果醬，是原味司康傳統的吃法，我們也喜歡在司康麵團裡加入水果乾，那就什麼都不用另外加就很美味。因為果乾有糖分，麵團裡只加 2 匙糖就夠，不加果乾的話，砂糖可以依口味喜好增加到 3 大匙。

材料

（約可做直徑 7 公分的圓形司康 7 ～ 8 個）

中筋麵粉 2 杯
泡打粉 2 小匙
鹽 ½ 小匙
砂糖 3 大匙，另準備適量撒在司康表面用（有加果乾的話，砂糖用量可以減少至 2 大匙）
冰無鹽奶油 70 公克，切小塊
冰雞蛋 1 顆，打散
冰鮮奶油 ⅔ 杯用來製作麵糰，另外準備適量刷司康表面用
喜歡的水果乾 85 ～ 90 公克，葡萄乾或蔓越梅乾等可直接使用，大型水果乾如無花果乾、杏桃乾等請切丁再加入麵團（可省略）

作法及步驟

1. 取一個容易攪拌的大碗盆，將麵粉、泡打粉、鹽、砂糖在盆中攪勻，再加入切小塊的冰奶油，用指尖將奶油搓進麵粉中，成為像餅乾屑一樣的質地；最後加入蛋和鮮奶油混合成偏濕潤的麵團。完成的麵團會有一點點黏手是正常的，如果麵團實在黏到無法操作，就在麵團和手上都撒些麵粉防沾。

■ 家中如果有食物調理機，混合麵團的步驟可以請它來代勞。

2. 桌面撒上一些麵粉防沾，將麵團從盆中倒出至桌面上，用手輕輕拍整按壓，將麵團整成約 2 公分厚的長方形厚片。（如果有加水果乾，請先用掌根按壓的方式讓果乾均勻分布在麵團裡後，再將麵團整成厚片。）

■ 過程中動作請盡量輕柔快速，避免過度搓揉讓麵粉出筋。

3. 取一個烤盤，鋪上烘焙紙防沾。拿一個直徑約 7 公分的司康切模（或用玻璃杯口）將麵團切出圓形，重複直到不夠切了為止。剩下不夠切成一顆司康的剩餘麵團，可以用手整形成小圓形，別浪費了。將司康放上烤盤，表面刷上一層鮮奶油、撒上適量砂糖。

4. 把司康連著烤盤一起放進冷凍庫鬆弛，這時才將烤箱預熱至230℃。15 分鐘後將司康放入烤箱中層，烤約 10 ～ 12 分鐘，烤至表面金黃即可出爐。

■ 由於每個烤箱的烤溫不太相同，建議大概烤到約 8 ～ 9 分鐘時就要時不時觀察一下司康表面的顏色變化，如果上色的速度很快，可以在表面鋪張鋁箔紙免得烤焦。

■ 司康麵團可以事先準備好切成圓形，能夠冷凍保存 3 個星期。從冷凍取出後可以直接進烤箱不用退冰，烘烤時間比原來時間增長約 10 ～ 15 分鐘。

希臘優格快速貝果

　　「希臘優格麵團」最近在各大食譜網站掀起熱潮，在 IG 上更是擁有專屬標籤的大紅人。麵團裡加進希臘優格的做法其實早在好幾年前就有了，只是當時這個配方多為減重者所用而沒有受到矚目，直到這陣子大家發現拿這個麵團來做貝果的效果很不錯而且省力省時，才漸漸火紅了起來。

　　希臘優格簡單來說就是優格的濃縮版本，比起普通優格，希臘優格質地更加濃稠，蛋白質與鈣質含量也都更高。傳統貝果為了口味好、上色美，麵團、燙麵水裡都會添糖，相較之下以麵粉、希臘優格、天然蜂蜜做出來的貝果更富營養。

　　希臘優格的明顯酸勁，恰好彌補了希臘優格貝果因為製作迅速而缺少的發酵氣味，和傳統貝果比起來，希臘優格貝果吃來更像酸麵包款的貝果多一些，如果和我們一樣熱愛散發著微微酸香麵包的話，相信也會喜歡希臘優格貝果的。

　　傳統製作貝果的過程冗長又繁瑣，揉麵、發酵、塑形、再次發酵、燙麵這些步驟一個都不能省以外，中間還有可能一不小心塑形速度太慢就壞了貝果口感，或是犯了麵團燙過頭讓表皮變皺、燙太短又上色不足的失誤，這些問題如果換上希臘優格麵團出馬，就能通通都免去。

　　希臘優格水分豐富，混合麵團時要有點耐心，慢慢把麵粉拌進優格中吸收水分，麵粉就會從片塊狀漸漸成團。貝果常見的整形方法有

兩種,將麵團滾成球形後用食指、中指在麵團中央邊繞圓邊挖出圓形洞口是一種;將麵團滾成長條,一端壓扁後再包住另一端成圓形為另一種。希臘優格麵團因為比較濕軟,前者操作起來容易黏手,第二種整形方式會比較合適。

材料

(可做 4 顆貝果)

中筋麵粉 1 杯
泡打粉 2 小匙
鹽 ¾ 小匙
全脂希臘優格 1 杯
蜂蜜 2 小匙
全蛋液少許
喜歡的貝果沾料適量,不放沾料就是原味貝果

煮廚小提醒

貝果沾料可選黑白芝麻粒、起司條、乾洋蔥薄片、粗海鹽或罌粟籽(Poppy Seeds)等。

作法及步驟

1. 烤箱預熱 190℃。

2. 取一個容易攪拌的大碗盆，先放入麵粉、泡打粉、鹽混合均勻，再加進希臘優格與蜂蜜，用刮刀將優格拌進麵粉裡成片塊狀，接著用沾上麵粉的雙手揉成麵團。在檯面上撒一些麵粉，將麵團從盆中取出，來回揉捏麵團約 3 ～ 5 分鐘，至表面平滑，出現一點彈性。

■ 如果麵團太過黏手，再加些麵粉至麵團裡搓揉一下，至麵團成略有濕度、一點點黏手，但是不會黏手到無法操作的狀態即可。

■ 麵團整形過程隨時撒上麵粉防沾，如果不趕時間，可以將麵團包緊放進冰箱中冷藏 30 分鐘，會更好操作。

3. 將麵團切割成 4 等分，每等分在掌心搓成圓球，再滾成約 20 ～ 25 公分的長條；長條的一端用拇指向下壓扁成橢圓形後，提起覆蓋包住另一端，輕輕壓緊接口處成圓形。

■ 貝果中間的孔洞不要圈得太小，麵團烤完後會膨脹，孔洞留太小的話之後會閉合起來。

4. 將貝果麵團放上防沾烤盤 (如果用的不是防沾烤盤，可以替烤盤塗上薄薄一層油或是鋪張烘焙紙防沾)，麵團與麵團間留點空隙預防沾黏，表面塗上蛋液、撒上調味料 (如有用)，進烤箱中層烤約 22 ～ 25 分鐘，烤至貝果膨起且表面金黃、散發出香味即完成。出爐後至少放涼 15 分鐘後再切開享用。

Pizza 和蒜香麵包球

　　希臘優格麵團除了做成貝果，還能擀薄當作披薩皮和烤成玲瓏可愛的蒜味麵包球，用途很多，口味很廣，下次有需要用到麵團的地方，不妨拿希臘優格麵團來替換試驗看看，唯獨要記得，麵團中的希臘優格不可用普通優格代替。

　　希臘優格麵團不用發酵，且優格裡已經含有油脂，不太需要再另外添油，趕時間的時候最能派上用場。麵團中希臘優格與麵粉的比例為 1：1，除了容易記憶，也方便依隨場合需要增減份量。

Pizza

　　有了希臘優格麵團，在家想吃披薩的時候，隨時都可以烤出一個來，不用再從白天到黑夜苦苦等待麵團發酵了。家裡如果沒有專業的披薩石板，只要把烤盤背面用烤箱最高溫烘的燒燙，一樣能做出可以媲美餐館的披薩。

　　這個披薩口味組合，是我們從家附近一個披薩小館子學來的，比起常見的番茄紅醬，用純粹的熔化起司為底，和提味的蒜香、鹹津津的生火腿、微苦的芝麻葉都非常相襯，最後淋上巴薩米克醋甜鹹交匯，是神來一筆。

材料

A. 配料：（1 個大披薩）
油 2 大匙
蒜頭 1 小瓣，磨成末
莫札瑞拉起司（Mozzarella）½ 杯
帕瑪義式生火腿（Prosciutto）約 60 公克
芝麻葉適量
質地濃稠、富有甜味的巴薩米克醋適量
（自製濃縮巴薩米克醋，作法請參考 P.34〈下廚時的得力助手：其
他常備調味品〉）
帕瑪森起司適量

作法及步驟

B. 麵團材料
中筋麵粉 1 杯
泡打粉 2 小匙
鹽 ½ 小匙
全脂希臘優格 1 杯
蜂蜜 2 小匙

1. 將烤盤翻轉至底部朝上，放進烤箱中層；烤箱轉至 260℃（或家中烤箱能達到的最高溫度），預熱至少 0.5 小時。

2. 將所有麵團材料混合均勻，揉捏成麵團（作法請參考 P.204〈希臘優格快速貝果〉的步驟 2.）。

3. 取一個類似披薩鏟功能的無邊烤盤或是大砧板（等下方便將披薩轉移到預熱鐵盤上），鋪上一張烘焙紙，或撒上適量玉米粉／麵粉防沾。

4. 擀麵棍和雙手都抹上一些麵粉防沾，可以將整個麵團直接擀成一個大披薩，或是切割成幾等分，再各自擀成小一點的披薩；餅皮形狀可以很隨意，圓形、橢圓形或長方形都行，擀得愈薄會愈脆。

5. 麵皮整圈外圍留下約 1 公分寬的空白當披薩脆皮邊，1 公分以內的麵皮均勻塗上橄欖油和蒜末，再鋪上刨成粗絲或手撕成塊的莫札瑞拉起司。

6. 用烤盤或砧板幫忙，將麵皮小心地移到預熱好的翻轉烤盤上，烤約 5～6 分鐘，至起司熔化冒泡，邊緣形成金黃色的脆皮即可出爐。

7. 出爐後在披薩上鋪上適量生火腿和芝麻葉，淋上巴薩米克醋、刨上帕瑪森起司片即完成。

蒜香麵包球

我們對任何蒜味麵包都沒有抵抗能力，這個蒜香麵包球我們常帶去參加感恩節和聖誕節的 Potluck 聚會，總是一上桌就秒殺。

材料

A. 麵團材料
中筋麵粉 1 杯
泡打粉 2 小匙
鹽 ¾ 小匙
全脂希臘優格 1 杯
蜂蜜 2 小匙

B. 蒜味調料
蒜粉（Garlic Powder）適量
奶油 20 公克
蒜頭 2 瓣，切成細末
鹽 2 小撮
去梗新鮮巴西里葉 1 大匙，
切成細末

作法及步驟

1. 烤箱預熱 190℃。
2. 將所有麵團材料混合均勻，揉捏成麵團（作法請參考 P.204〈希臘優格快速貝果〉的步驟 2.）。
3. 將麵團切割成 8 等分，每等分在掌心搓成圓球後稍微壓扁，個別均勻撒上適量蒜粉和少量麵粉後，滾成約 18 ～ 20 公分的長條，接著拎起兩端在中間相會打個結；放上烤盤，麵團與麵團擺放之間留點空隙預防沾黏；表面塗上一層油，進烤箱中層烤約 18 ～ 20 分鐘，至膨起且表面金黃。
4. 等待麵團烘烤的同時，準備蒜油。取一個小湯鍋，放入奶油和蒜末，以中小火加熱至奶油熔化，蒜末變軟發出香味，約 2 分鐘。將蒜油倒進一個容易攪拌的大碗盆裡，放進鹽和巴西里碎拌勻備用。
5. 麵包球出爐後，趁熱放進大碗盆裡和巴西里蒜油拌勻，表面都沾裹上調料後取出即完成。

手撕蒜香麵包丁、香草麵包粉、麵包丁沙拉Panzanella、麵包布丁

　　開始自己做麵包以後，發現該怎麼好好保存麵包真是一個小困擾，特別像免揉麵包這樣沒油也沒有防腐劑的麵包，失去水分的速度會更加快速。這裡有幾個我們保存麵包的方法，還有以 5 分鐘免揉麵包為示範，讓乾朽的麵包可以再次利用，甚至變美味的點子，分享給你。

如果麵包會在 1～2 天內吃完……

　　那麼請將麵包放入麵包箱裡保存。家中如果常吃、做麵包的話，麵包箱是一個非常值得購入的生活器具，它能使麵包的保鮮期延長，降低黴菌生長的機會，而且放在廚房裡還是很美麗的風景。市面上有木製、陶製和不鏽鋼製的麵包箱，可以依照喜好來選擇。

　　不過麵包箱比較適合用來儲存單純的無餡麵包，有包餡料的麵包還是要盡早吃完。另外麵包最好要吃前再切片，吃多少切多少就不會太快乾掉；切下來的麵包邊邊別丟掉，請拿來當做罩住麵包切面的蓋子使用，能避免水分從切面快速流失。

如果麵包無法在 1～2 天內吃完……

　　請把麵包放進冷凍庫裡保存，沒錯，不是冷藏，是冷凍喔！這可能顛覆了很多人的觀念，但是殊不知冷藏才是麵包的頭號敵人，麵包冷藏以後甚至比放在室溫之下老化得更快。

我們會在冷凍麵包前先把麵包切好片，在片與片之間墊一張小烘焙紙以防沾黏，再放進夾鏈袋中裝好，這樣每次要吃幾片就很容易拿取，如果整顆麵包直接塞進冷凍櫃裡，還要等退冰才能切片就會很麻煩。睡前我們會把明天早上要吃的麵包放到冷藏室慢慢退冰，隔天進烤箱烤一下就能吃，如果來不及退冰直接複熱也無妨。

手撕蒜香麵包丁

做麵包丁的時候，比起拿刀切得整整齊齊，用手撕得歪七扭八的效果反而好。手撕創造出來的不平整邊緣可以替沙拉增添口感，也能讓沙拉醬汁巴得更緊。麵包丁可以放進沙拉裡、當濃湯的佐料、直接用手抓著當零嘴吃也行。

材料

乾麵包 3 杯
油 3 大匙
蒜頭 1 顆，磨成末
喜歡的香草 1 大匙

作法及步驟

1. 烤箱預熱 170℃。
2. 將麵包手撕成好入口的大小，盡量大小不要差太多；油和蒜末在小碗裡攪勻。
3. 取 1 個有邊烤盤，放進麵包丁、蒜油和香草，翻拌均勻後鋪平，進烤箱中層烤約 15 ～ 20 分鐘，烤到一半時將烤盤轉個面，拿鏟子翻動一下麵包丁，幫助烘烤上色得更均勻；烤至麵包丁變脆、轉為金黃即可出爐。
4. 待麵包丁完全放涼後，裝進密封容器中，在陰涼處可以保存 1 ～ 2 個星期，冷藏則可以保存更久。

香草麵包粉

麵包粉的能用之處也很多，常見拿來當炸物的裹粉、和肉混在一起做成肉餅或內餡，烤脆以後的麵包粉能撒在菜餚上作為視覺點綴，和烤蔬菜、燉肉或麵食等軟質的菜色特別相襯，會迸出一種「軟硬兼施」的絕妙口感。

材料

乾麵包 3 杯
油 3 大匙
喜歡的新鮮香草 1 大匙

作法及步驟

1. 烤箱預熱 170℃。
2. 麵包略撕成大塊，放進食物調理機中打至細碎。
3. 取一個有邊烤盤，放進麵包粉、油和香草，翻拌均勻後平鋪 1 層，進烤箱中層烤約 10 ～ 12 分鐘，烤到一半時將烤盤轉個面，拿鏟子翻動一下麵包粉，幫助烘烤上色得更均勻；烤至麵包粉變脆、轉為金黃即可出爐。
4. 待麵包粉完全放涼後，裝進密封容器中，在陰涼處可以保存 1 ～ 2 個星期，冷藏則可以保存更久。

麵包丁沙拉 Panzanella

家裡如果有常備著麵包丁，想要隨時變出一盤沙拉來就是很容易的事了。義式 Panzanella 可說是一道專為乾麵包量身訂製的沙拉，水分盡失的麵包丁能夠更有效率地吸附醬汁，讓整盤沙拉顯得有滋有味。這也是一道可以事先準備好，擺愈久會愈好吃的菜。

可以拌進沙拉中的材料非常隨性，冰箱裡剩下的幾把香草、一點蔬菜，或是幾球馬扎瑞拉起司、川燙冰鎮後的海鮮、吃不完的烤雞肉等，豐盛美味之甚，如果不說，絕對不會有人發現是清冰箱料理的。

材料

蒜香麵包丁 3 杯
紅洋蔥 ¼ 顆（約 70 公克），切細絲
小黃瓜 1 根（約 200 公克），切片
酸豆（Capers）1 大匙
小番茄共約 200 公克，對半切
新鮮甜羅勒葉 10 片，略切或用手撕碎

沙拉油醋淋醬材料：
橄欖油 3 大匙
雪莉醋 1 大匙
鹽 ¼ 匙
黑胡椒 ⅛ 匙
法式第戎芥末醬（Dijon Mustard）或芥末籽醬（Whole Grain Dijon Mustard），¼ 小匙
楓糖漿或蜂蜜 1 ～ 2 大匙（可依口味喜好增減）
蒜頭 1 顆，磨成末（可省略）

煮廚小提醒

1. 這個油醋淋醬是萬用配方，和所有沙拉都能搭配得宜。橄欖油和醋的比例為 3：1，如果拿玻璃瓶來做，從透明瓶身就能大致抓到油醋比例，連量匙都不用拿出來；玻璃瓶還兼有保存的功能，我們常會一次準備多一點淋醬冰起來，要吃沙拉的時候就隨時有得用。

2. 以這個配方為基礎，其中雪莉醋如果以紅酒醋、檸檬汁、白酒醋、蘋果醋、巴薩米克醋或香檳醋代替，拿青蔥、洋蔥或紅蔥頭取代蒜頭，甚至另外加進一點水果皮屑、堅果、優格、芝麻醬或其他香料，就能自由變化出各種各樣的淋醬，為沙拉帶來不同風味。

作法及步驟

1. 拿一個小玻璃瓶，裝進所有油醋醬材料，轉緊蓋子後用力上下搖晃，讓油醋充分融合乳化，備用。

2. 取一個容易翻拌的大碗盆，放進所有沙拉材料、倒進沙拉醬汁，全部翻拌均勻，靜置至少 30 分鐘～ 6 小時，讓麵包丁充分吸收醬汁後即完成。

麵包布丁

　　傳統的麵包布丁多拿布里歐修（Brioche）、哈拉（Challah）或白土司這類奶蛋豐富、孔洞細緻的麵包來做，不過用孔隙大一點的，像是歐包或是法棍做出來的麵包布丁我們更愛，這樣就能同時吃到軟綿的卡士達和富有嚼感的麵包。

　　麵包布丁可以隨意加入堅果、新鮮水果或果乾、起克力碎等喜歡的配料，我們則一定要挖一球冰淇淋和澆上滿滿的楓糖漿一起吃才覺得過癮。這裡的蛋奶液配方也可以用來沾裹單片麵包，在鍋裡煎到兩面金黃就是法式吐司了。

材料

牛奶 2 杯
砂糖 ¼ 杯
鹽 1 小撮
無鹽奶油 15 公克＋1 小塊抹烤盤用
乾麵包 4 杯
雞蛋 3 顆
香草精 1 小匙
肉桂粉 ¼ 小匙（可省略）
糖粉適量（可省略）
楓糖漿適量

作法及步驟

1. 小湯鍋裡放進牛奶、糖、鹽、奶油，以小火加熱至奶油和糖熔化就好，不用煮到滾，離火後靜置降溫。
2. 等待放涼的同時，取一個烤皿（我們使用 24×16×5 公分的橢圓烤盤），內側抹上薄薄一層奶油防沾；乾麵包用手撕成大小不一的麵包塊，鋪進烤盤中。
3. 將雞蛋、香草精、肉桂粉（如有用）加入降溫後的牛奶中，攪打至均勻滑順後倒入烤盤，可以翻動一下麵包，讓每塊都沾附到奶蛋液。
4. 為了讓麵包可以好好吸收奶蛋液，最少要靜置 1～3 小時，或放進冰箱過一夜會更好。
5. 烤箱預熱 170℃。
6. 將烤皿放進烤箱中層，烤約 40～50 分鐘，至布丁表面呈金黃色，以尖刀戳入卡士達中間部位測試蛋奶液已成固態，但麵包還沒有完全被烤乾、有些濕潤的時候就可以出爐。稍微放涼後撒上糖粉，享用前淋上楓糖漿即完成。

生活裡的甜美火花
——新手都能勝任的小品甜點

每一道甜點都有專屬的故事，
用心品嘗才能發現最適合自己的口味。

240 瑞典肉桂捲

234 法式鄉村水果派──料理祕技：極上酥鬆伏特加派皮

230 巴斯克起司蛋糕

226 巧克力熔岩蛋糕

巧克力熔岩蛋糕

記得小時候第一次在餐廳吃到巧克力熔岩蛋糕時深受震撼，想著要能端出這樣外層鬆軟內有流心的神奇蛋糕，一定是餐廳大廚才能駕馭的厲害技巧。直到很久以後的某次情人節成功烤出了巧克力熔岩蛋糕才發現，其實自己在家做熔岩蛋糕並沒有很難。

熔岩蛋糕到底怎麼被發明出來的眾說紛紜，而我們最喜歡主廚 Jean-Georges Vongerichten 因禍得福的故事：他一次不小心讓還沒烤熟的巧克力海綿蛋糕提早出爐，結果發現中心沒有熟透的麵糊竟像溫熱的巧克力醬一樣可口，從此他的紐約餐廳便開始供應這項甜點直到今日，據說巧克力熔岩蛋糕就是這樣在美國流行起來的。

熔岩巧克力蛋糕有兩種作法，一種是麵糊中間放入甘納許（Ganache）的作法；另一種是只需要一種麵糊，利用短時間的高溫讓外部熟透、內部不完全凝固的作法。Jean Georges 的作法屬於第二種，也是我們偏愛的方法。

需要另外花費時間製作甘納許比較麻煩，但是蛋糕切開一定會有熔岩效果是它的好處；只要調製一種麵糊的作法簡易許多，不過容易發生沒有抓準出爐時間而變成普通海綿蛋糕的窘境。因此判斷恰恰好的出爐時間十分關鍵，請以我們建議的烘烤時間為參考，自己家中烤箱的實際火力為主，多練習幾次就會愈來愈上手。蛋糕現

烤即吃，熔岩效果最好，如果沒有馬上要吃，麵糊可以事先備好倒進烤皿中冷藏，等到要享用時再進烤箱也能有相同的熔岩效果。剛從冰箱取出的麵糊和烤皿溫度低，因此烘烤時間可能需要增長約 3 ～ 5 分鐘。

可以依照偏愛的口味選擇可可濃度約 60% 左右的半甜巧克力或 70% 上下的苦甜巧克力來做熔岩蛋糕，不過請盡量選擇巧克力塊或條來做，而不是巧克力豆。巧克力豆在製作過程中多會添加穩定劑，容易造成蛋糕的熔岩效果不佳。

準備

- 直徑約 8 公分，高約 4.5 公分的圓形小烤皿 2 個

材料

回溫的微軟奶油少許（塗在烤皿內部防沾用）
無鹽奶油 65 公克，切塊
半甜或苦甜巧克力 65 公克，切小塊
雞蛋 1 顆
蛋黃 1 顆
砂糖 2 大匙
香草精 ½ 小匙
原味即溶濃縮咖啡粉末 ¼ 小匙
鹽 1 小撮
中筋麵粉 1 小匙
糖粉少許（可省略）

煮廚小提醒

如果想要烤大一些的熔岩蛋糕，可以準備其他更大的耐烤容器，材料也要依比例增加（麵糊約填到容器的 8 分滿），烘烤時間也要視情況調整拉長。

煮廚小提醒

只要在麵糊裡加進一點點即溶咖啡粉，就能起到讓巧克力吃來更加香醇濃郁，卻察覺不到一絲咖啡氣味的奇妙效果，就像在甜品裡加撮鹽來提味但是嘗不到鹹味一樣，聽說這是很多專業烘焙師傅讓巧克力甜點更加美味的祕密。

作法及步驟

1. 烤箱預熱 230℃。
2. 以刷子沾取軟化奶油，在烤皿內側均勻塗上一層薄薄的奶油預防沾黏。
3. 將巧克力和奶油加熱至熔化混合，有兩種方法：
   ①巧克力和奶油放進玻璃碗中，先進微波爐加熱 30 秒後取出稍微攪拌一下，再視情況繼續加熱 20 ～ 30 秒直到完全熔化。注意不要一次加熱太久，否則巧克力會油水分離。
   ②煮一小鍋水至微滾，將巧克力和奶油放進一個比鍋口稍寬且耐熱的碗中，將碗置放於鍋口上隔水加熱，一邊加熱一邊攪拌至熔化即可離鍋。巧克力和奶油攪拌均勻至滑順後，稍微放涼備用。
4. 取一個容易攪拌的大碗盆，加入雞蛋、蛋黃和砂糖，以打蛋器快速攪打大約 2 分鐘，至蛋液變得蓬鬆有小泡沫、顏色轉為淺黃；接著倒進香草精、即溶咖啡粉、鹽和步驟 3. 的巧克力奶油醬攪勻；最後放進麵粉，輕輕拌成有光澤的麵糊。
■ 拌麵糊時動作請輕柔，以免麵粉出筋影響蛋糕口感。
5. 將麵糊平均倒入 2 個烤皿內，各約 7 ～ 8 分滿，放入烤箱中層烤約 7 ～ 9 分鐘。看蛋糕表面向上膨起、蛋糕差不多成型但是沒有完全烤透、搖晃烤皿時蛋糕會像果凍一樣微微晃動時，即可出爐。留意蛋糕在烤箱中待的時間愈長，熔岩效果就會愈不明顯。
6. 蛋糕出爐後先在桌面上放置 1 分鐘待蛋糕表面慢慢回縮，再小心將燙手的烤皿倒放於盤中，等待 20 秒後拉起烤皿，蛋糕表面撒上糖粉裝飾即完成（如有用），趁熱享用。

巴斯克起司蛋糕

　　巴斯克起司蛋糕，也有人稱它燒焦的起司蛋糕，發跡於西班牙巴斯克（Basque）首都一家名為 La Viña 的小店，除了小吃 Tapas，主廚兼老闆 Santiago Rivera 先生也在小館內供應自己參考無數食譜後研發出來，這款紅遍世界大街小巷，每日賣出上百份，看似烤過頭卻一吃驚人的起司蛋糕。

　　彭博商業周刊有篇文章以「挑戰你對甜點的所有認知」來形容巴斯克起司蛋糕，酷愛起司蛋糕的美國人也拿它來和紐約起司蛋糕比較。傳統紐約起司蛋糕追求完美工整、蛋糕表面力求淨白無瑕，所以大多用低溫或水浴法烘烤；相比之下整顆烤得烏漆嬤黑、蛋糕邊緣還因為烘焙紙不規則的摺痕而凹凸不平、歪七扭八的巴斯克起司蛋糕，真是顯得十分狂野不羈。

　　但是，這個其貌不揚、說不上賞心悅目的蛋糕實在好吃得要命！蛋糕美味的來源之一，正是那一層近乎烤焦，微苦中帶著焦糖甜的深褐色外皮，這是砂糖遇見高溫的焦糖反應、以及奶製品中蛋白質加熱的梅納反應兩者同時發生才有的傑作，搭上濕潤綿密濃稠的內裡，讓我們拋下多年對紐約起司蛋糕的熱情一去不回，轉身投奔進巴斯克起司蛋糕的懷抱。

　　據說原食譜只用了奶油乳酪、鮮奶油、雞蛋、砂糖和麵粉五種材料，由於材料中脂肪含量偏高，我們認為多加入一大匙香草精和少量的鹽，能起到幫助提升風味的功用。另有一說傳統巴斯克蛋糕中心應

為沒烤透的半液體狀，不過實作之後我們覺得完全烤熟烤透的軟綿口感更加耐吃，於是做了把烘烤溫度調低，烘烤時間拉長的微小調整。

因為不像傳統起司蛋糕需要小心翼翼呵護，巴斯克起司蛋糕烤起來不僅舒暢，而且失敗率幾乎為零，稍微要留心的，只有蛋糕的上色狀態，還有出爐時間。蛋糕烤至 40 分鐘時表面會開始漸漸上色，接著 60～65 分鐘之間的最後 5 分鐘內會上色劇烈，可以依自己喜歡的「烤焦」程度來決定蛋糕的出爐時間，而我們喜歡烤至 60 分鐘的恰恰好。

材料

（可做 9 吋圓形蛋糕 1 個）

奶油乳酪（Cream Cheese）1 公斤
砂糖 1 又 ¾ 杯
雞蛋 5 顆
鮮奶油 2 杯

鹽 ¼ 小匙
香草精 1 大匙
中筋麵粉 ¼ 杯

煮廚小提醒

奶油乳酪可事先從冰箱取出退冰軟化，切小塊能加快退冰速度。請注意此食譜用的是塊狀的奶油乳酪，不是奶油乳酪抹醬（Cream Cheese Spread），採買時請特別留意。

作法及步驟

1. 烤箱預熱 200℃。
2. 裁一張約 9 吋蛋糕烤模 2 倍大的烘焙紙，從烘焙紙中央往蛋糕模中心向下按壓、沿著邊緣鋪好，留大約 5 公分高的烘焙紙超出蛋糕模。
■ 鋪好的烘焙紙沒有辦法和烤模完全貼合、四周有重疊打褶處都是正常的，等蛋糕糊倒入以後烘焙紙就會下沉固定了。
3. 取一個容易攪拌的大碗盆，放進奶油乳酪和砂糖，用手持攪拌器低速攪打成柔順的乳霜狀。攪打過程中要停下幾次刮盆，把沾在碗盆上的奶油乳酪和砂糖刮下再攪拌，打好的奶油乳酪才會質地柔順均勻。
4. 將雞蛋分次依序加入，等一顆雞蛋和奶油乳酪完全混合後才加進下一顆。接著倒進鮮奶油、鹽、香草精攪拌，最後麵粉過篩加入後，全部材料充分攪勻，過程中也要記得刮盆幾次，完成滑順、無結塊的蛋糕糊。
■ 步驟 3.、4.也可用食物處理機快速攪打來做，或拿刮棒和打蛋器徒手攪拌。
5. 將蛋糕糊倒進烤模中，進烤箱中層烤約 60 ～ 65 分鐘，依照想要的上色程度決定出爐時間。
■ 蛋糕放進烤箱時，請留意超出的烘焙紙是否會碰觸到上方的熱源燈管，如果會，請將烘焙紙往下收摺或剪掉去除一些，以免起火燃燒。
■ 剛出爐的巴斯克起司蛋糕會像果凍一樣微微晃動，表面也可能會有幾條裂紋都不需要擔心，不是沒烤熟也不是烤失敗，等蛋糕靜置降溫回縮後，裂紋就會變得不明顯，蛋糕也會慢慢定型。
6. 待蛋糕完全放涼後，連同烤模一起放進冰箱冷藏至少 5 小時或隔夜，再取出脫模、撕除烘焙紙享用。

煮廚小提案

在 La Viña 店裡，雪莉酒配巴斯克起司蛋糕是定番吃法，我們則喜歡手沖一杯黑咖啡，一口蛋糕一口咖啡配著吃，嚥下蛋糕後緊接著咖啡入喉，尾韻的焦糖味會有神奇的加乘效果。我們也把切片的巴斯克起司蛋糕放進冷凍櫃裡過，吃起來就像冰淇淋一樣很有趣味。

法式鄉村水果派

料理祕技：極上酥鬆伏特加派皮

這個平易簡單，不需要任何特殊烤盤，人人都可以輕鬆上手的法式鄉村派，是我們替費城飲食雜誌做食譜測試工作時的夏季菜單之一，不過那時候是拿 7 月加州盛產的紅豔豔祖傳番茄、菲達起司和百里香、黑胡椒組合成鹹派，這裡則拿蘋果做成甜口味。

鄉村派 Galette，是一種既像塔又像派，僅由少部分派皮包覆，大部分餡料都裸露於外的法式糕點。外表在沒有模具的約束之下顯得自然隨性，可以捏成圓形、正方形、長方形，大小不拘且鹹甜皆宜，是甜點也能是正餐，頗有鄉村手作溫度的質樸感。

派要做得好吃，除了餡料入口後要能甜而不膩，派皮絕對也是一個至關重要的決定因素。為了尋找夢想中極度酥軟鬆脆又富層次的完美派皮，有一陣子我們足足用掉了幾十袋麵粉、腰圍也增寬了好幾吋，直到遇見這個加進伏特加的派皮，才總算心滿意足。

伏特加派皮最早是由 America's Test Kitchen 團隊提出的方法，麵粉要能結成團一定得加進水來幫忙才行，但是水與麵粉結合後又會產生讓派皮變硬的麩質（Gluten），那該怎麼辦才好呢？於是他們想到以酒精含量高達 40% 的伏特加來取代少部分的水，這樣一來既能讓足夠濕潤的麵粉成團，也不會因為水分含量過高而犧牲了酥鬆口感。如果哪一天有幸能和發明此作法的人見上一面，我們一定會激動地緊緊抱住他跟他說：「你真是天才！」。

只要手上擁有一個很棒的派皮配方，日後要做任何有派皮的甜點鹹食就能派上用場；最棒的是派皮可以提前準備好，只要緊緊包裹住，可以在冷凍庫裡保存好幾個月不成問題，要用前拿出來退冰回軟一下就能開用。

材料

（可做 1 個 9 吋派）

A. 派皮材料

中筋麵粉 1 又 ¼ 杯　　　　　冰無鹽奶油 150 公克，切小塊
鹽 ½ 小匙　　　　　　　　　冰水 2 大匙
砂糖 1 大匙　　　　　　　　　冰伏特加 1 又 ½ 大匙

煮廚小提醒

可以用其他酒精含量一樣差不多 40% 的酒來代替伏特加，例如蘭姆酒（Rum）。烤好的派皮完全不會有伏特加的氣味，所以買最便宜的來用就可以了。

B. 內餡材料

小型蘋果 4 ～ 5 顆，共約 450 公克　　　　　熔化無鹽奶油 30 公克
黃檸檬汁半顆量（我們喜歡酸味明顯一點，你也可以減量）　　肉桂粉 ¾ 小匙
　　　　　　　　　　　　　　肉豆蔻粉（nutmeg），¼ 小匙
　　　　　　　　　　　　　　紅糖 3 大匙＋ ¾ 大匙
香草精 1 小匙　　　　　　　　鹽 1 小撮
　　　　　　　　　　　　　　全蛋液適量

作法及步驟

1. 將麵粉、鹽、糖加入食物調理機中拌勻,再放進奶油塊,攪打成像餅乾屑一樣的質地;接著倒入冰水和伏特加,混合均勻成偏濕潤的麵團。

2. 麵團從食物調理機裡倒出至桌面上,用雙手輕輕整成圓形厚餅,緊緊包裹好,進冰箱冷藏鬆弛至少 30 分鐘以後再使用。

■ 如果沒有食物調理機,可以取一個容易攪拌的大碗盆,放入麵粉、鹽、糖拌勻,再加入冰奶油,用指尖將奶油搓進麵粉中,成為像餅乾屑一樣的質地;最後加入水和伏特加混合成團。

3. 待 30 分鐘一到,從冰箱取出麵團靜置回溫約 5 ～ 10 分鐘,待會比較容易擀開成派皮。

4. 蘋果洗淨後不用削皮,直接去核切成 0.3 ～ 0.5 公分的薄片;取一個容易攪拌的大碗盆,放進蘋果片和全部內餡材料(除了蛋液),翻拌均勻備用。

5. 裁兩張長 50 公分、寬 40 公分的烘焙紙,將麵團夾進兩張烘焙紙中間,隔著烘焙紙,用擀麵棍擀成直徑約 40 公分、厚度約 0.3 公分的派皮。

■ 這時候擀好的派皮會因為退冰變得有些濕軟,將派皮連同烘焙紙一起放上烤盤(派皮超出烤盤的部分可以輕輕往上折放),進冰箱冷藏 5 ～ 10 分鐘,讓派皮冷卻一下稍微轉硬,等下操作時才不會容易破裂。

■ 把派皮夾在烘焙紙中間除了非常方便移動,派皮也不會有沾黏擀麵棍和雙手的問題,更省了收拾清潔的活。

6. 烤箱預熱 200℃。

7. 派皮冷卻後取出,在檯面上攤平、拿掉上方烘焙紙。派皮整圈外圍留下約 5 公分寬的空白,5 公分以內的派皮均勻撒上少許麵粉,再將蘋果片繞圓、互相一部分重疊擺放於上。

8. 接著將預留的派皮邊往中間內餡方向折,一邊折一邊疊出荷葉邊造型;折好後均勻塗上蛋液、撒上 ¾ 大匙紅糖。

9. 將水果派放進烤箱中層,烤約 35 ～ 40 分鐘,至派皮轉為金黃、水果軟化即可出爐。

■ 烤好的派至少降溫 10 分鐘後再切片,內餡的汁水才不會到處亂流。

瑞典肉桂捲

　　會無可救藥地與肉桂捲墜入情網，都是從去瑞典唸書開始的。現在回想起來，在瑞典時好像沒有哪一天是沒有吃到肉桂捲就度過的，甚至在才剛抵達的短短一個禮拜裡，連宿舍都還來不及安頓妥當，就已經被朋友拎著到處去咖啡館嗑了肉桂捲 4、5 次。

　　説到肉桂捲，就不得不提瑞典知名的 Fika 文化了。Fika 是瑞典語「一起喝咖啡、吃點心」之意，可以説是所有瑞典人字典中最重要的一個字。只要一到下午 4 點左右的 Fika 時間，幾乎每個當地人都會立刻放下手邊工作，到咖啡廳或公司的茶水間裡飲杯咖啡、吃個甜點（最常見的當然就是肉桂捲），和好友或同事一起享受忙裡偷閒的放鬆時光。Fika 也可以看成是瑞典人對從容生活態度的實踐。

　　在瑞典，沒有肉桂捲的下午茶，就不叫下午茶。因此所有連鎖或個人咖啡館，甚至超市或路邊小攤都可以見到肉桂捲的身影，不過哪家的肉桂捲才是最美味的就見仁見智了。瑞典肉桂捲通常不像美國版的肉桂捲，會在表面淋上厚厚一層由糖粉做成的白色糖霜，反倒更常撒上比較不甜膩、咬起來脆口的珍珠糖（Nib Sugar 或 Pearl Sugar）；也不像美國肉桂捲常在烤盤裡全擠成一塊同烤，瑞典肉桂捲通常都個別精心繞成圈或打成結，看來更加小巧精緻，與咖啡特別相配。

　　回到台灣以後，我們依循著味覺記憶，試著自己做出來和在瑞典吃到的，與原味非常相近的肉桂捲，這則食譜是我們粉絲頁上人氣很

高的一篇。除了珍珠糖，和其他肉桂捲最大的不同，是瑞典肉桂捲會在麵團中放入一點小豆蔻粉（Cardamom），替肉桂捲增添一股木質的辛香，在天寒地凍白雪紛飛的寒冬裡吃起來特別溫暖。

　　肉桂捲不難做，只是需要兩段等待發酵的時間，所以最好事先安排出空檔來專心製作。小豆蔻粉時常只要放一點就存在感十足，所以我們沒在麵團裡多放；如果特別喜歡這味兒，可以多放一點無妨，或可以將食譜中會用到肉桂粉的地方，包括內餡與糖漿的肉桂粉都用小豆蔻粉來替代，就成了除肉桂捲（Kanelbullar）以外，在瑞典也很流行的小荳蔻捲（Kardemummabullar）了。

材料

（約可做 12 個肉桂捲）

A. 麵團
全脂牛奶 1 杯
無鹽奶油 50 公克，切小塊
中筋麵粉 500 公克
鹽 1 小匙
砂糖 50 公克
肉桂粉 ½ 小匙
小豆蔻粉（Cardamom）½ 小匙
速發乾酵母粉 1 小包（7 公克）
全蛋液適量

B. 肉桂內餡
無鹽奶油 150 公克（事先從冰箱取出於室溫下回軟）
黑糖粉 100 公克
肉桂粉 2 小匙
鹽 1 小撮

C. 糖漿與裝飾
水 50 毫升
砂糖 50 公克
肉桂粉 ½ 小匙
珍珠糖適量

作法及步驟

A. 先製作麵團

1. 小湯鍋中放入牛奶與奶油，以小火加熱至牛奶微溫（手指伸進牛奶裡不會燙手的程度，約 37 ～ 38℃）、和奶油溶化時就可以離火，不需要煮到沸騰，置放一旁備用。

■ 牛奶如果不小心煮得過熱，一定要降溫後才可以倒進乾材料裡；溫度過高的液體會讓酵母失去活性。

2. 取一個容易攪拌的大碗盆，將麵粉、鹽、砂糖、肉桂粉、豆蔻粉和酵母粉在盆中攪勻，接著將溫牛奶與奶油倒入盆中，乾、濕材料全部混合均勻成麵團，此時麵團會有點黏手是正常的。

3. 桌面撒上一些麵粉防沾，從盆中倒出麵團至桌面上，將麵團搓揉至光滑有彈性、不再黏手為止，約 5 ～ 10 分鐘。將麵團整成圓球狀，此時用手指輕輕按壓麵團，麵團應該會反彈回來。

4. 將剛才用來攪拌材料的大盆內，抹上一層薄薄的油防沾，放入麵團，蓋上保鮮膜，放置室溫發酵約 45 ～ 90 分鐘（或更久），直到麵團膨脹至約 2 倍大。

■ 發酵的時間沒有一定，溫度高時發酵所需的時間較短，溫度低時則需要多一點時間來發酵。判斷麵團是否發酵完成的方法，除了先看麵團是不是長大成約 2 倍大以外，還可以手指沾上點麵粉，往麵團中心戳個約 3 公分深的小洞，手指抽出來以後如果麵團沒有反彈回來，就代表發酵完成；如果看大部分的麵團都反彈回來，就是發酵不足。

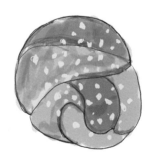

B. 肉桂捲作法

1. 麵團快要發酵完成前，來準備肉桂內餡：在小碗中放進所有內餡材料，攪拌均勻成膏狀，放置一旁備用。

2. 麵團發酵完成後，用拳頭往麵團上用力捶壓一拳，讓麵團中的氣體排出。接著拿根擀麵棍，將麵團擀平成約長 50 公分 × 寬 30 公分大小的長方形，可以讓長的那一側靠近自己等下會比較好操作；將內餡均勻塗抹在整片長方麵皮上。

3. 提起麵皮的一寬邊端，往麵皮的中央處方向拉，折疊至整張麵皮的 ⅔ 處，再將剩下的 ⅓ 麵皮往反方向折疊，與下方麵皮摺合處對齊，就像在摺信紙一樣；這時你會看到共三層麵皮相疊在一起，且內餡完全包覆在麵皮裡。

4. 用把利刀將麵團平均切割成 12 長條。拿起一長條麵糰，輕輕地在桌面上將麵團一邊往左右拉長、一邊旋轉成螺旋條狀；接著以麵團條一端為中心繞圓纏繞成麵團結，另一端收妥至麵團底部；所有麵團條都用這個方法塑形直到用完。

5. 取一個烤盤、鋪上烘焙紙，將塑形完成的麵團都放上烤盤，蓋上布巾，再次置於室溫下發酵 45 分鐘。麵團與麵團之間要留點距離，發酵膨脹後才不會黏在一起。

6. 距離發酵完成時間剩下 15 分鐘時，將烤箱開啟預熱至 180℃。

7. 麵團發酵完成後，表面刷上全蛋液；放進烤箱中層烤約 15 〜 20 分鐘。

8. 趁麵團在烘烤時，來製作肉桂糖漿：平底鍋中加入水、砂糖與肉桂粉，先以大火煮滾，再轉小火煮至砂糖完全溶化後離火，煮的過程中不時搖晃一下湯鍋以防燒焦。

9. 麵團烤至表面金黃即可出爐，出爐後趁熱刷上糖漿、撒上適量珍珠糖，即完成瑞典肉桂捲。

舒心廚房

作　　　者	Paulina（陳語農） Jerry（陳雍居）		總 經 銷	大和書報圖書股份有限公司
攝影/插畫	Paulina（陳語農） Jerry（陳雍居）		地　　　址 電　　　話 傳　　　真	新北市新莊區五工五路 2 號 (02) 8990-2588 (02) 2299-7900
編　　　輯	蔡玟俞			
文字校對	Paulina（陳語農） Jerry（陳雍居）、蔡玟俞		製版印刷	卡樂彩色製版印刷有限公司
美術設計	劉乃堂		初　　　版 定　　　價 Ｉ Ｓ Ｂ Ｎ	2021 年 04 月 新台幣 430 元 978-986-5510-59-6（平裝）

發 行 人　程顯灝
出 版 者　四塊玉文創有限公司
總 代 理　三友圖書有限公司
地　　址　106 台北市安和路 2 段 213 號 4 樓
電　　話　(02) 2377-4155
傳　　真　(02) 2377-4355
Ｅ — mail　service@sanyau.com.tw
郵政劃撥　05844889 三友圖書有限公司

版權所有 · 翻印必究
書若有破損缺頁 請寄回本社更換

國家圖書館出版品預行編目(CIP)資料

舒心廚房 / 姊弟主廚 Paulina（陳語農）, Jerry
（陳雍居）作. -- 初版. -- 臺北市：四塊玉文創
有限公司, 2021.04
　面；　公分
ISBN 978-986-5510-59-6(平裝)

1.食譜 2.烹飪

427.1　　　　　　　　110003187

推薦 帶來幸福的日常料理

13種麵團教你在家做出天然饅頭包子花捲：免記複雜配方、無人工色素安心吃，學會13種彩色麵團╳15種好吃餡料，從揉麵、手法到蒸製，完整而專業的全面教學！
作者：陳麒文 / 定價：488元

只要學會13種彩色麵團、15種好吃甜鹹餡，搭配簡易、捲、切、剪、捏手法，直接從麵團開始分割、造型、包餡到蒸製，零基礎就能做出多樣化、色彩繽紛的饅頭包子花捲！

林太燉什麼-燉一鍋暖心料理：50道鍋物料理：牛肉╳豬肉╳雞肉╳海鮮╳蔬菜，輕鬆烹煮，一鍋搞定。
作者：陳郁菁Claudia / 定價：350元

佛羅倫斯燉牛肚、拿坡里鑲中卷、地中海式燉雞、白酒時蔬迷迭香燉梅花豬……超過50種燉煮料理，囊括中西各國風味，以實用的肉類、海鮮、蔬食分類，超簡單的燉煮技巧，讓你一看就懂、一學就會。

韓國媽媽的家常料理：60道必學經典 涼拌╳小菜╳主食╳湯鍋，一次學會
作者：王林煥 / 定價：380元

好做的涼拌菜與泡菜，一次做好，一整週都能有美味配菜。經典主食與熱菜，部隊鍋、炸醬麵、辣炒年糕一點也不難。韓國媽媽，要讓你第一次做韓式料理就成功！

惠子老師的日本家庭料理（附贈：《渡邊麻紀的湯品與燉煮料理》）
作者：大原惠子 / 定價：450元

30種套餐，100道日本家常菜，最詳盡的示範步驟，大原惠子老師不藏私教授，新手也能輕鬆做出最道地溫暖的日式家庭料理。隨書贈送《渡邊麻紀的湯品與燉煮料理》，一次擁有2本最經典道地的日本料理食譜。

 治癒人心的可口甜點

新手零失敗！一次學會人氣常溫蛋糕基礎&裝飾變化：11種糕體變化╳裝飾技巧╳夾餡淋面，成功做出瑪德蓮、費南雪、磅蛋糕、咕咕霍夫、鬆餅、烏比派……等，50款超人氣歐美常溫蛋糕

作者：郭士弘 / 定價：488元

歐美常溫蛋糕專書，新手也能上手的50道基礎&變化款，瑪德蓮、費南雪、磅蛋糕、布朗尼、馬芬……職人的完美配方╳詳細步驟圖教學，從攪拌、烘烤到裝飾，讓樸實的糕點華麗出場、療癒每個日常！

港點小王子鄭元勳的伴手禮點心：網紅甜點、節慶糕點，從蛋糕、蛋捲、糖酥餅、檸檬塔到蛋黃酥、鳳梨酥、老婆餅……，一本學會

作者：鄭元勳 / 定價：399元

港點小王子鄭元勳老師，教你輕鬆做出多種伴手禮甜點。精緻的戚風蛋糕、黑糖糕、美味的乳酪塔、檸檬塔、還有傳統的牛舌餅、老婆餅和鳳梨酥，集結各種經典不敗、高人氣網紅點心，讓你逢年過節拿出手，好吃好相送！

馬芬杯的60道高人氣日常點心：1種烤模做出餐包X蛋糕X餅乾X派塔

作者：蘇凱莉 / 定價：380元

烘焙新手不用怕！準備好一只馬芬烤模，就能輕鬆變化60種高人氣點心！從早餐餐包、經典蔥花起司麵包，到優雅布朗尼、健康燕麥餅、酸甜檸檬塔、清爽時蔬烘蛋，不只豐富多變，更要美味健康！

小烤箱的低醣低碳甜點：餅乾x派塔x吐司x蛋糕x新手必備的第一本書

作者：陳裕智 / 定價：360元

烘焙新手必備的低醣點心食譜，家用烤箱＋簡單的材料＋超仔細的步驟，讓你學會做無負擔的低醣點心，不只是餅乾、派塔、吐司、蛋糕等甜點，還有鹹點蔥油餅和胡椒酥餅……Step by step 跟著萬人社團團長一智姐，新手也能輕鬆上手。

世界遺產：跟著深度旅行家馬繼康看世界：不一樣的世界遺產之旅2
作者：馬繼康／定價：390元

深入巨蜥之巢，體驗與龍共舞的刺激；親臨歷史建築，感受文明的美麗與震撼；攀上高山巔峰，我們就在與天空伸手可及的距離……踏訪24處世界遺產，閱讀地球最原始的生命記憶。

這些國家，你一定沒去過：融融歷險記387天邦交國之旅
作者：融融歷險記 Ben／定價：360元

在史瓦帝尼向巫醫祈願、到瓜地馬拉瞻仰馬雅古文明遺跡、乘帆船穿梭於馬紹爾近千個小島之中、去聖克里斯多福觀賞世界文化遺產硫磺山堡壘……讓作者融融用387天+1顆熱血的心，帶你繞著地球跑。

到巴黎尋找海明威：用手繪的溫度，帶你逛書店、啜咖啡館，閱讀作家故事，一場跨越時空的巴黎饗宴
作者：羅彩菱／定價：380元

跟著文豪的足跡，探索不一樣的巴黎，造訪曾向許多文人伸出援手的「莎士比亞書店」，光顧作家聚集暢快對飲的「哈利紐約酒吧」，散步在海明威與好友結識的「盧森堡公園」裡，隨著本書體驗更多不為人知的巴黎！

和日本文豪一起來趟小旅行：十勝瀑布、小諸城遺跡、北海道田野、栃木山景、群馬溫泉……漫步隱藏版迷人景點
作者：林芙美子，島木健作，岩野泡鳴，田山花袋，島崎藤村，岡本綺堂，德田秋聲，若杉鳥子，芥川龍之介，橫光利一，北原白秋，吉田絃二郎
譯者：林佩蓉，張嘉芬／定價：290元

與岡本綺堂在磯部的五月小雨中，體會櫻樹冒出綠葉所散發的生命感動；和芥川龍之介登上殘雪的槍嶽，坐看夕陽之美。跟著文豪的腳步與筆觸，玩遍少有人知的祕密景點！

三友圖書有限公司 收
SANYAU PUBLISHING CO., LTD.

106　台北市安和路2段213號4樓

「填妥本回函，寄回本社」，
即可免費獲得好好刊。

三友圖書
讀書俱樂部

\ 粉絲招募歡迎加入 /

臉書 / 痞客邦搜尋
「四塊玉文創 / 橘子文化 / 食為天文創
三友圖書——微胖男女編輯社」
加入將優先得到出版社提供的相關
優惠、新書活動等好康訊息。

四塊玉文創╳橘子文化╳食為天文創╳旗林文化
http://www.ju-zi.com.tw
https://www.facebook.com/comehomelife

親愛的讀者：
感謝您購買《舒心廚房》一書，為感謝您對本書的支持與愛護，只要填妥本回函，並寄回本社，即可成為三友圖書會員，將定期提供新書資訊及各種優惠給您。

姓名＿＿＿＿＿＿＿＿＿＿＿＿　出生年月日＿＿＿＿＿＿＿＿＿＿＿＿＿＿＿＿＿＿
電話＿＿＿＿＿＿＿＿＿＿＿＿　E-mail＿＿＿＿＿＿＿＿＿＿＿＿＿＿＿＿＿＿＿
通訊地址＿＿＿＿＿＿＿＿＿＿＿＿＿＿＿＿＿＿＿＿＿＿＿＿＿＿＿＿＿＿＿＿＿
臉書帳號＿＿＿＿＿＿＿＿＿＿＿＿＿＿＿＿＿＿＿＿＿＿＿＿＿＿＿＿＿＿＿＿＿
部落格名稱＿＿＿＿＿＿＿＿＿＿＿＿＿＿＿＿＿＿＿＿＿＿＿＿＿＿＿＿＿＿＿＿

1 年齡
□18歲以下　　　□19歲～25歲　　□26歲～35歲　　□36歲～45歲　　□46歲～55歲
□56歲～65歲　　□66歲～75歲　　□76歲～85歲　　□86歲以上

2 職業
□軍公教 □工 □商 □自由業 □服務業 □農林漁牧業 □家管 □學生
□其他＿＿＿＿＿＿＿＿＿＿＿＿＿＿＿＿＿＿＿＿＿＿＿＿＿＿＿＿＿＿＿＿＿

3 您從何處購得本書？
□博客來　□金石堂網書　□讀冊　□誠品網書　□其他＿＿＿＿＿＿＿＿＿＿＿＿＿
□實體書店＿＿＿＿＿＿＿＿＿＿＿＿＿＿＿＿＿＿＿＿＿＿＿＿＿＿＿＿＿＿＿＿

4 您從何處得知本書？
□博客來　□金石堂網書　□讀冊　□誠品網書　□其他＿＿＿＿＿＿＿＿＿＿＿＿＿
□實體書店＿＿＿＿＿＿＿＿＿□FB四塊玉文創／橘子文化／食為天文創（三友圖書-微胖男女編輯社）
□好好刊（雙月刊）　□朋友推薦　□廣播媒體

5 您購買本書的因素有哪些？（可複選）
□作者 □內容 □圖片 □版面編排 □其他＿＿＿＿＿＿＿＿＿＿＿＿＿＿＿＿＿＿

6 您覺得本書的封面設計如何？
□非常滿意 □滿意 □普通 □很差 □其他＿＿＿＿＿＿＿＿＿＿＿＿＿＿＿＿＿＿

7 非常感謝您購買此書，您還對哪些主題有興趣？（可複選）
□中西食譜 □點心烘焙 □飲品類 □旅遊 □養生保健 □瘦身美妝 □手作 □寵物
□商業理財 □心靈療癒 □小說 □繪本 □其他＿＿＿＿＿＿＿＿＿＿＿＿＿＿＿

8 您每個月的購書預算為多少金額？
□1,000元以下　　□1,001～2,000元　□2,001～3,000元　□3,001～4,000元
□4,001～5,000元　□5,001元以上

9 若出版的書籍搭配贈品活動，您比較喜歡哪一類型的贈品？（可選2種）
□食品調味類　　□鍋具類　　□家電用品類　　□書籍類　　□生活用品類　　□DIY手作類
□交通票券類　　□展演活動票券類　　□其他＿＿＿＿＿＿＿＿＿＿＿＿＿＿＿

10 您認為本書尚需改進之處？以及對我們的意見？
＿＿＿＿＿＿＿＿＿＿＿＿＿＿＿＿＿＿＿＿＿＿＿＿＿＿＿＿＿＿＿＿＿＿＿＿＿

感謝您的填寫，
您寶貴的建議是我們進步的動力！